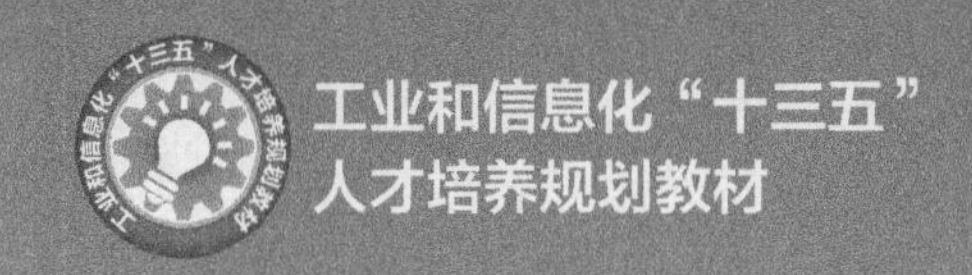

Web前端开发简明教程 HTML+CSS+JavaScript+jQuery

Web Front-end Development

邓春晖 秦映波 ◎ 主编

付春英 王芳 蔡金标 黄毅柱 ◎ 副主编

蔡沂 ◎ 主审

人民邮电出版社

北京

图书在版编目（CIP）数据

Web前端开发简明教程 : HTML+CSS+JavaScript+jQuery / 邓春晖，秦映波主编. -- 北京 : 人民邮电出版社，2017.12（2023.7重印）
工业和信息化“十三五”人才培养规划教材
ISBN 978-7-115-46811-6

Ⅰ. ①W… Ⅱ. ①邓… ②秦… Ⅲ. ①超文本标记语言－程序设计－高等学校－教材②JAVA语言－程序设计－高等学校－教材 Ⅳ. ①TP312

中国版本图书馆CIP数据核字(2017)第219127号

内 容 提 要

本书较为全面地介绍了 HTML、CSS、JavaScript、jQuery 的相关知识，读者可以系统地学习编写 HTML 代码、利用 CSS 设置网页的样式、利用 JavaScript 和 jQuery 为网页添加动态效果及修改网页与样式等内容，书中每一章有详细的案例展示，方便读者更好地理解知识点。

本书共 15 章，第 1～6 章介绍了 HTML 相关内容，主要包括在网页中插入文字与段落、表格、表单、列表及多媒体等；第 7～11 章详细阐述了 CSS 的相关知识，重点介绍了盒子模型与定位，利用盒子模型进行网页布局，用开发者工具查看 HTML 元素的 CSS 属性等；第 12～13 章讲解了 JavaScript 基础与应用，利用 JavaScript 在网页上制作动态效果（如滚动图片），以及对表单数据进行验证等；第 14 章描述了 jQuery 基础与应用，用 jQuery 为表单、表格设置样式；第 15 章为综合案例，综合利用前面章节所讲知识来制作网页。

本书可以作为应用型本科院校网页设计相关课程的教材，也可以作为高职高专计算机专业网页设计教材，同时适合网页设计初学者学习使用。

◆ 主　　编　邓春晖　秦映波
副 主 编　付春英　王　芳　蔡金标　黄毅柱
主　　审　蔡　沂
责任编辑　左仲海
责任印制　马振武

◆ 人民邮电出版社出版发行　　北京市丰台区成寿寺路 11 号
邮编　100164　　电子邮件　315@ptpress.com.cn
网址　http://www.ptpress.com.cn
北京虎彩文化传播有限公司印刷

◆ 开本：787×1092　1/16
印张：13　　　　2017 年 12 月第 1 版
字数：299 千字　　　　2023 年 7 月北京第10次印刷

定价：39.80 元

读者服务热线：(010)81055256　印装质量热线：(010)81055316
反盗版热线：(010)81055315
广告经营许可证：京东市监广登字 20170147 号

前 言 FOREWORD

自进入 Web 2.0 以来，各类 Web 应用大量涌现，极大地提升了行业的信息化水平，为人们的日常生活提供了更多的便利。伴随着 Web 应用的发展，Web 前端发生了翻天覆地的变化。Web 前端不断通过丰富的多媒体、良好的交互形式为用户提供越来越好的体验。网页设计作为培养 Web 前端开发人员的基础知识，已经在许多院校相关专业开设了相关课程。

本书针对应用型院校学生的特点，吸收实际教学中的经验，突出实例在学生学习中的作用，用实例帮助学生理解知识点，为培养合格的网页设计应用型人才提供适合的教材。

本书作者有着多年的网页设计教学经验，教学效果得到学生的普遍认可，主持、参与了多个教育教学改革与研究工作。本书在编写的过程中，得到了华南理工大学广州学院与广州天高软件科技有限公司联合成立的“天高科技工作室”提供的大力支持，在此表示感谢。

本书主要特点如下。

1．将知识点与网页设计实践案例紧密结合

为了帮助读者熟练掌握相关知识点，本书在相关知识点后配以代码帮助读者了解知识点的实际应用，并根据知识点在实际网页设计中的作用，结合案例进行讲解，使读者做到学以致用。

2．突出重点

针对实际教学中学生存在的问题，本书对学生难以掌握和理解的地方进行了重点阐述，用实例介绍网页设计中的重点内容，如 CSS 中的盒子模型、定位等，在一般教材中较少提及，本书对这部分内容进行了重点介绍。

3．应用为先

网页设计是一门应用性非常强的课程，在教学中不仅要让读者理解相关知识点，还要让读者体会知识点在实际网页设计中的应用，读者就会在学习中充分发挥自己的能力，全力投入到课程学习中。

为方便读者使用，书中全部实例的源代码免费赠送给读者，读者可登录人民邮电出版社教学服务与资源网（http://www.ryjiaoyu.com/）下载。

由于编者水平有限，书中不妥或疏漏之处在所难免，读者如发现本书问题，请与编者联系以便尽快更正，编者将不胜感激，E-mail：qinyb@gcu.edu.cn。

编 者

2017 年 6 月

目录 CONTENTS

第 1 章 HTML 概述

学习目标

- 掌握 URL、HTTP、HTML 等基本概念。
- 掌握网页的基本结构。
- 了解网页编码，能设置网页文件、浏览器的编码。

随着 Web 技术的发展，互联网已经深入到社会日常生活、经济活动的各个角落。这其中，网页已经成为信息传输的一种重要方式，人们通过网页浏览信息，企业通过网页开展企业的生产、营销等各种活动。本章将对网页的信息传输过程、网页文件的基本结构等进行详细介绍。

1.1 相关概念

统一资源定位器（Uniform Resoure Locator，URL）是互联网上标准资源（文件）的地址，如“http://jwc.gcu.edu.cn/uploadfile/20161011/1476171253139453.xls”。URL 包含协议、服务器名称（或 IP 地址）、路径和文件名。在上面的例子中，“http”是协议，“jwc.gcu.edu.cn”是服务器名称，“uploadfile/20161011/”是资源在服务器上的路径，“1476171253139453.xls”是资源的文件名。

超文本传输协议（HyperText Transfer Protocol，HTTP）是互联网上应用最为广泛的一种网络协议，设计 HTTP 最初的目的是为了提供一种发布和接收 HTML 页面的方法，现在可以使用 HTTP 在浏览器与服务器间传输图像和其他类型文件。HTTP 是一个客户端和服务器端请求和应答的标准（TCP），默认使用 80 端口。

图 1-1 描述了客户端和服务器的交互过程，当用户在浏览器中输入网址后，浏览器与 Web 服务器建立一个 TCP 连接，浏览器给 Web 服务器发送一个 HTTP 请求，在 HTTP 请求中包含资源的 URL。服务器在接收和解释请求消息后，返回一个 HTTP 响应消息。HTTP 响应中包含状态代码和响应正文，常见的状态代码有：200 OK（表示客户端请求成功），403 Forbidden（表示服务器收到请求，但是拒绝提供服务），404 Not Found（表示请求资源不存在）等；响应正文就是服务器返回资源的内容。

HTML 即超文本标记语言，“超文本”就是指页面内可以包含图片、链接，甚至音乐等多媒体信息。人们在互联网上浏览的网页就是使用 HTML 语言编写的，它通过标记符号来标记要显示的网页中的各个部分，如用<p></p>表示段落，<img />表示图像，<a></a>表示超链接。浏览器按顺序阅读网页文件，依次显示浏览器识别出的标记内容，对不能识别的标记不做处理，跳过不能识别的标记继续其解释执行过程。

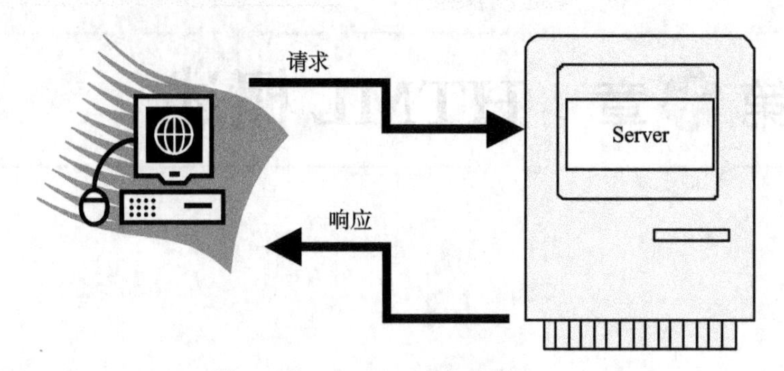

图 1-1　请求/响应示意图

1.2 HTML 发展现状

超文本标记语言（第一版）在 1993 年 6 月发布，其后陆续发布了 2.0、3.0、4.0、5 等版本：

HTML 2.0——1995 年 11 月作为 RFC 1866 发布，在 RFC 2854 于 2000 年 6 月发布之后被宣布已经过时；

HTML 3.2——1997 年 1 月 14 日，W3C 推荐标准；

HTML 4.0——1997 年 12 月 18 日，W3C 推荐标准；

HTML 4.01（微小改进）——1999 年 12 月 24 日，W3C 推荐标准；

HTML 5——2014 年 10 月 28 日，W3C 推荐标准。

现在大部分网页都是基于 HTML 4.0 标准，HTML 5 则能赋予网页更好的意义和结构，提供了前所未有的数据与应用接入开放接口，拥有更有效的服务器推送技术，支持网页端的 Audio、Video 等多媒体功能。

1.3 HTML 网页结构

一个网页的基本结构如图 1-2 所示（注:网页代码不区分大小写，如<html>与<HTML>等效）。

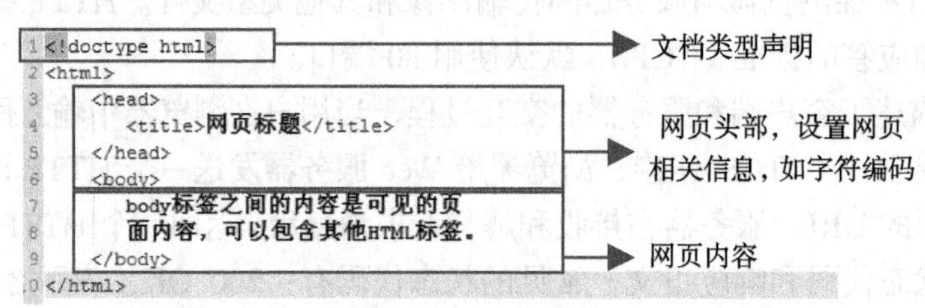

图 1-2　网页基本结构

网页第一行为文档类型声明，用 DOCTYPE 声明文档类型，以便验证文档是否符合文档类型定义（DTD），同时指定了浏览器关于页面使用哪个 HTML 版本进行编写的指令，如 HTML 5 中新添加的标签在 HTML 4.0 类型的网页中是不合法的。HTML 4.0 支持的三种 DOCTYPE 声明分别是严格型（strict）、过渡型（transitional）和框架型（frameset）。

严格型的 DTD 声明：<!DOCTYPE HTML PUBLIC "-//W3C//DTD HTML 4.01//EN"

"http://www.w3.org/TR/html4/strict.dtd">。

过渡型的 DTD 声明：<!DOCTYPE HTML PUBLIC "-//W3C//DTD HTML 4.01 Transitional//EN" "http://www.w3.org/TR/html4/loose.dtd">。

框架型的 DTD 声明：<!DOCTYPE HTML PUBLIC "-//W3C//DTD HTML 4.01 Frameset//EN" "http://www.w3.org/TR/html4/frameset.dtd">。

而 HTML 5 只支持一种 DOCTYPE 声明:<!DOCTYPE html>。

如果不指定文档类型，大部分浏览器按自己的方式来处理网页代码，可能导致 CSS 样式不能正常显示（如不能水平居中）且 JavaScript 代码不能正常运行。<html>标签中的<head>标签和<body>标签分别设置网页的头部和网页内容，如图 1-2 所示，在<head>标签中通过<title>标签设置网页的标题，在<body>标签中输入的文字则会直接显示在网页中。

1.4 HTML 网页编辑与显示

普通的文本编辑器都可以用来编辑网页，如记事本、Notepad；也可以用专业网页编辑工具，如 Dreamweaver 来编辑网页，下面以记事本为例来介绍怎样编辑网页。

如果要新建一个网页文件，在文件的存放位置空白处单击鼠标右键，在弹出的菜单中选择“新建”→“文本文件”，则会新建一个文本文件“新建文本文件.txt”，直接双击新建的文本文件，在其中添加图 1-2 中的网页内容，编辑完成后，单击记事本工具的“文件”→“另存为”菜单项，如图 1-3 所示，弹出图 1-4 所示的“另存为”对话框。

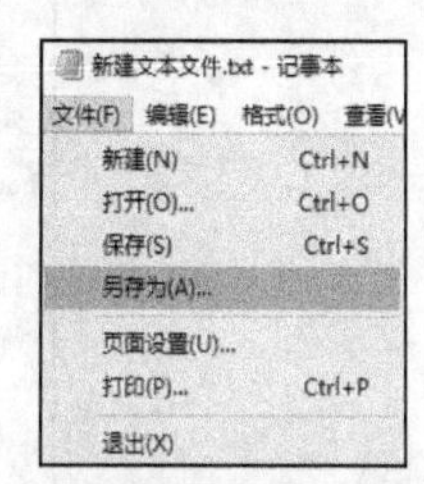

图 1-3　通过“文件”菜单保存网页

保存时请注意，先在如图 1-4 所示的对话框中的“文件名”空白框中输入文件名，如“index.html”，文件名由用户自己确定，然后在“保存类型”下拉菜单中选择“所有文件(*.*)”。

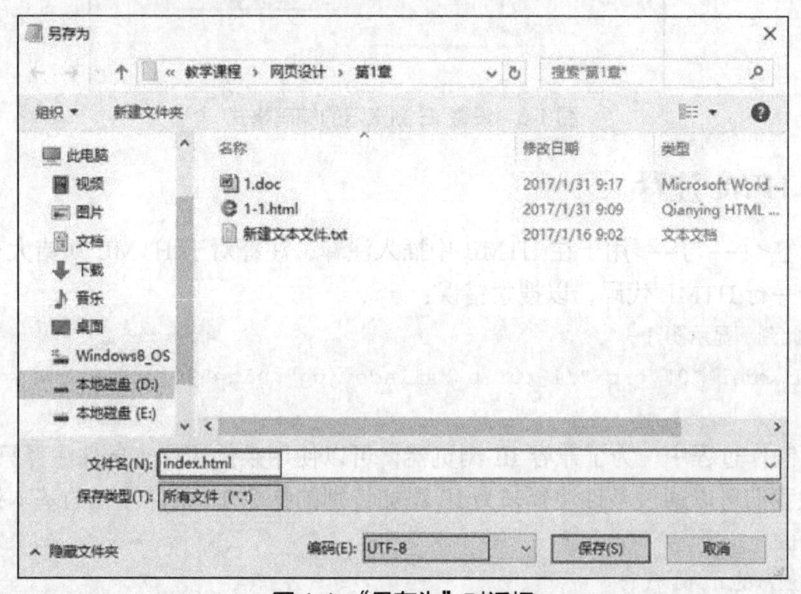

图 1-4　“另存为”对话框

扩展名必须为“html”或“htm”，最后在“编码”下拉菜单中选择“UTF-8”，单击“保存”按钮即可保存网页文件。

文件保存后，直接双击保存的“index.html”文件或在浏览器中打开保存的“index.html”文件即可浏览网页，效果如图 1-5 所示。

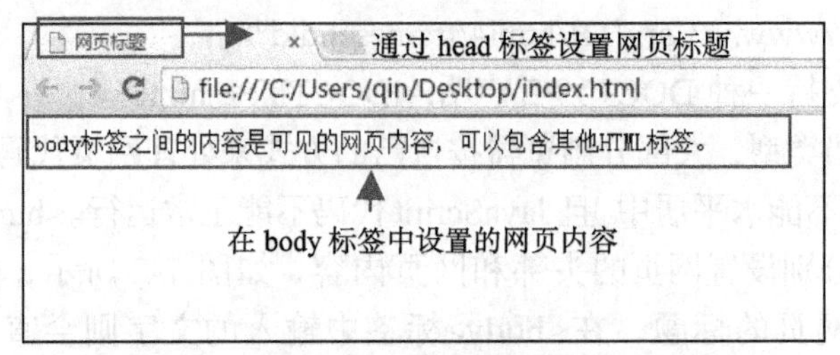

图 1-5　网页文件在浏览器中的显示效果

如果在浏览时出现乱码，请在浏览器中设置浏览器的显示编码与网页保存时的编码一致，在 IE 中设置浏览器编码的方法为单击“查看”菜单，在“编码”子菜单中选择编码类型，如图 1-6 所示。

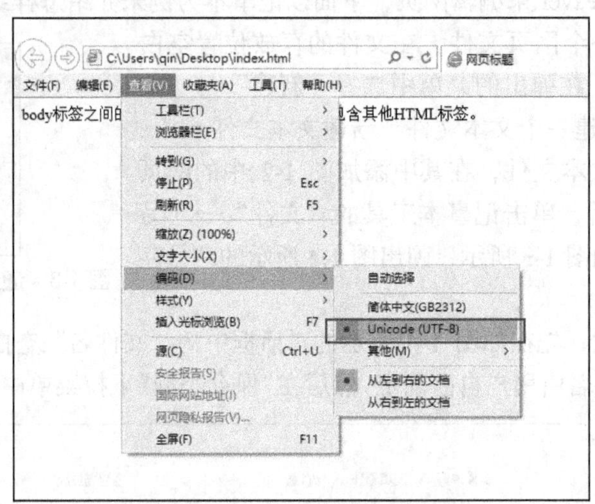

图 1-6　设置 IE 浏览器的编码格式

1.5　HTML 注释

注释标签<!--与-->用于在 HTML 中插入注释，注释对于 HTML 纠错大有帮助，可以一次注释一行 HTML 代码，以搜索错误：

```
<!-- 此刻不显示图片：
<img border="0" src="/i/tulip_ballade.jpg" alt="Tulip">
-->
```

在网页制作过程中，为了兼容 IE 浏览器，可以使用条件注释（条件注释只能在 IE 下使用，因此我们可以通过条件注释来为 IE 添加特别的指令）。条件注释的基本格式为：

```
<!--[if IE]>
这里是正常的 html 代码
<![endif]-->
```

条件注释的基本结构和 HTML 的注释（<!-- -->）是一样的。因此 IE 以外的浏览器将会把它们看作是普通的注释而完全忽略它们；IE 将会根据 if 条件来判断是否如解析普通页面内容一样解析条件注释里的内容。如下面的代码可以检测当前 IE 浏览器的版本(注意：在非 IE 浏览器中看不到效果)。

```
<!--[if IE]>
    <h1>您正在使用 IE 浏览器</h1>
      <!--[if IE 6]>
      <h2>版本 6</h2>
    <![endif]-->
    <!--[if IE 7]>
      <h2>版本 7</h2>
    <![endif]-->
  <!--[if IE 8]>
        <h2>版本 8</h2>
    <![endif]-->
  <!--[if IE 9]>
        <h2>版本 9</h2>
    <![endif]-->
  <!--[if IE11]>
        <h2>版本 11</h2>
    <![endif]-->
<![endif]-->
```

本章小结

本章介绍了万维网中的一些基本概念，接着对 HTML 的发展、结构做了介绍，重点阐述了怎样用记事本编辑网页文件，在浏览器中浏览网页显示效果。通过本章的学习，读者可以了解网络中用户请求网页的过程，掌握网页文件的基本结构，解决网页编码与浏览器编码不同造成的乱码问题。

第2章 HTML 文本与图像

学习目标

- 掌握网页元信息设置。
- 了解块元素与行内元素，掌握标题、段落、<div>与<span>标签的使用。
- 掌握通过 style 属性定义元素的样式。
- 理解标签属性与 CSS 属性的区别。

网页中最重要的内容就是文本与图像，本章对网页中的文本与图像进行重点介绍，主要学习标题标签、段落标签、<div>标签与<span>标签的使用。另外网页中的标签不区分大小写，如<head>与<HEAD>等效，但实际操作中大部分都使用小写的标签，请读者编写代码时注意。

2.1 HTML 头部元素

head 元素是所有头部元素的容器。head 内的元素可包含脚本，指示浏览器在何处可以找到样式表，提供元信息等。可以添加到 head 中的标签有：<title>、<link>、<meta>、<script>以及 <style>。

<title> 标签定义文档的标题，title 元素能够定义浏览器工具栏中的标题；提供页面被添加到收藏夹时显示的标题；显示在搜索引擎结果中的页面标题。例 2-1 列举了虎扑体育的标题设置。

例 2-1　2-1.html

```
<!DOCTYPE html>
<html>
	<head>
		<meta charset="utf-8" />
		<title>虎扑体育——你的体育全世界！</title>
	</head>
	<body>
		欢迎访问虎扑体育网
	</body>
</html>
```

<meta>标签提供关于 HTML 文档的元数据。元数据不会显示在页面上，meta 元素被用于规定页面的描述、关键词、文档的作者、最后修改时间以及其他元数据。<meta>标签始

终位于 head 元素中，<meta>标签的使用格式为：

```
<meta 可选属性名="…"   content="…" />
```

content 是<meta>标签的必选属性，其作用是描述页面的内容。<meta>标签的 http-equiv 和 name 可选属性与 content 属性配合使用指定网页元数据信息，如 http-equiv 属性与 content 属性组合使用来指定页面的编码方式：

```
<meta http-equiv="Content-Type" content="text/html; charset=utf-8">
```

在 HTML 5 中设置编码方式的代码为：

```
<meta charset="utf-8">
```

以上两行代码是等效的，建议使用时使用短代码。http-equiv 属性与 content 属性组合也可以用于网页的自动刷新：

```
<meta http-equiv=" Refresh " content="5">
```

此代码将使当前页面每隔 5 秒刷新一次，由于每次刷新需要从服务器重新下载网页内容到客户端，现在使用比较少。自动刷新也可以用于网址已经变更的情况下，将用户重定向到另外一个地址，例 2-2 演示了在 5 秒后将当前网页重定向到新的直播地址。

例 2-2　2-2.html

```
<!DOCTYPE html>
<html>
      <head>
           <title>01 月 31 日 16:00 布里斯班狮吼 vs 菲律宾环球-直播吧 zhibo8.cc
</title>
           <meta http-equiv="Content-Type" content="text/html; charset=
utf-8" />
           <meta http-equiv="Refresh" content="5;url=
                http://wenzi.zhibo8.cc/zhibo/zuqiu/2017/013191718.htm" />
      </head>
      <body>
           <p>对不起。我们已经搬家了。新的直播地址是
             <a href="http://www.w3school.com.cn">http://www.w3school.
com.cn</a>
           </p>
           <p>您将在 5 秒内被重定向到新的地址。</p>
           <p>如果超过 5 秒后您仍然看到本消息，请单击上面的链接。</p>
      </body>
</html>
```

<meta>标签的 name 属性与 content 属性组合可以用来指定页面的作者、关键字和描述等信息，将 name 属性的值设置为“Keywords”，可以在 content 属性中设置网页的关键字；将 name 属性的值设置为“Description”，可以在 content 属性中设置网页的描述：

```
<meta name="Keywords" content="体育，运动，虎扑体育，虎扑" />
<meta name="Description" content="体育，虎扑体育是以篮球，足球，网球，F1，NFL，
```

```
MMA 格斗等运动项目为主的专业体育网站，原创的体育新闻与专栏，最全的体育直播和视频，千万铁杆体育迷尽在虎扑体育." />
```

网页的标题、关键字和描述对网页在搜索引擎中的收录和排名有影响，因此在编辑网页时需要适当设置相关内容。例 2-3 和例 2-4 分别以“直播吧”和“京东商城”为例介绍相关内容设置。

例 2-3　2-3.html

```
<!DOCTYPE html>
<html>
<head>
        <meta http-equiv="Content-Type" content="text/html; charset=utf-8" />
        <meta name="mobile-agent" content="format=html5;url=http://m.zhibo8.cc/" />
        <title>直播吧-NBA 直播|NBA 直播吧|足球直播|英超直播|CCTV5 在线直播|CBA 直播|体育直播</title>
        <meta name="keywords" content="直播吧，NBA 直播，NBA 直播吧，足球直播，英超直播，CCTV5 在线直播，CBA 直播，NBA 在线直播，NBA 视频直播，CBA 直播吧" />
        <meta name="Description" content="直播吧提供 NBA 直播，NBA 直播吧，足球直播，英超直播，CCTV5 在线直播，CBA 直播，NBA 在线直播，NBA 视频直播，等体育赛事直播，我们努力做最好的直播吧" />
</head>
<body>
        直播吧
</body>
</html>
```

例 2-4　2-4.html

```
<!DOCTYPE html>
<html>
<head>
        <meta charset="gb2312"/>
        <title>京东(JD.COM)-正品低价、品质保障、配送及时、轻松购物！</title>
        <meta name="description" content="京东 JD.COM-专业的综合网上购物商城，销售家电、数码通信、电脑、家居百货、服装服饰、母婴、图书、食品等数万个品牌优质商品。便捷、诚信的服务，为您提供愉悦的网上购物体验！" />
        <meta name="Keywords" content="网上购物，网上商城，手机，笔记本，电脑，MP3，CD，VCD，DV，相机，数码，配件，手表，存储卡，京东" />
</head>
<body>
        京东商城
</body>
</html>
```

2.2　HTML 文本

在网页上显示的普通字符可以在<body>标签内直接添加，但一些特殊字符如“<”“>”“&”等有特殊含义不能直接使用。如果需要在网页中显示这些特殊字符，需要使用 HTML 转义字符串（也称字符实体），表 2-1 列举了常用的转义字符串。

表 2-1　常用 HTML 转义字符串

显示结果	描述	实体名称	实体编号
	空格		
<	小于号	<	<
>	大于号	>	>
&	和号	&	&
"	引号	"	"
'	撇号	'（IE 不支持）	'

例 2-5 演示了怎样在网页上显示空格、< 和 >。

例 2-5　2-5.html

```
<!DOCTYPE html>
<html>
  <head>
          <meta charset="utf-8">
          <title>HTML  转义字符</title>
  </head>
  <body>
            标题（Heading）是通过 &lt;h1&gt; - &lt;h6&gt; 等标签
进行定义的。&lt;h1&gt;定义最大的标题。&lt;h6&gt; 定义最小的标题。
  </body>
</html>
```

2.2.1　标题

在<body>标签内可以添加各种文本标签，如标题、段落、上标、下标、加粗、倾斜等标签。其中标题包括 <H1>、<H2>、<H3>、<H4>、<H5>、<H6>共 6 个标签，<H1>标签字体最大，<H6>标签字体最小，所有标题标签内的文字会自动加粗。每个标题标签必须有开始标签和结束标签，如例 2-6 所示。由于搜索引擎使用标题为网页的结构和内容编制索引，所以应该将 h1 用作主标题（最重要的），其后是 h2（次重要的），再其次是 h3，以此类推。

例 2-6　2-6.html

```
<!DOCTYPE html>
 <html>
```

```
        <head>
              <meta charset="gb2312"/>
              <title>京东(JD.COM)-正品低价、品质保障、配送及时、轻松购物！</title>
        </head>
  <body>
        <h1>京东</h1>
        <h2>京东，多快好省</h2>
  </body>
 </body>
```

例 2-6 在浏览器中的显示效果如图 2-1 所示。

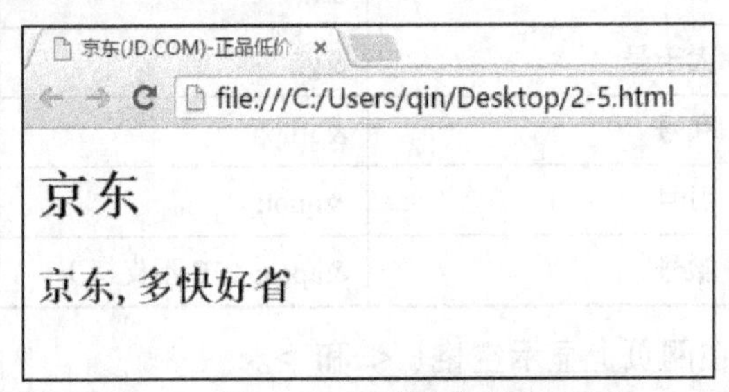

图 2-1　例 2-6 在浏览器中的显示效果

可以看到<H1>和<H2>中的文字位于不同的行，实际上浏览器会自动在一些 HTML 标签的前后添加空行，这样的标签（元素）称为“块元素”，所有的标题标签都是“块元素”。而浏览器没有在其前后添加空行的标签（元素）称为“行内元素”，如超链接<a>就是“行内元素”。

2.2.2　段落

<p>标签用于建立段落，<p>的使用如例 2-7 所示。

例 2-7　2-7.html

```
 <!DOCTYPE html>
 <html>
    <head>
        <meta charset="gb2312">
        <title>《三生三世》首播 杨幂女扮男装被赞撩妹高手_娱乐_腾讯网</title>
        <meta name="keywords" content="《三生三世》首播 杨幂女扮男装被赞撩妹高手，杨幂，赵又廷，三生三世十里桃花">
 </head>
 <body>   赵又廷英雄救美 杨幂女扮男装变“撩妹高手” <p>   转眼春节假期已过半，杨幂、赵又廷主演的电视剧《三生三世十里桃花》开播，陪伴大家继续闹新年。该剧改编自唐七公子同名小说，讲述了由杨幂饰演的青丘帝姬“白浅”和赵又廷饰演的九重天太子“夜华”的三生爱恨纠葛的传奇故事。 </p>
    </body>
 </html>
```

例 2-7 在浏览器中的显示效果如图 2-2 所示，其中“ ”用于在网页上插入空格，一个“ ”插入一个空格，从图中可以看出，<p>标签是块元素，有开始标签和结束标签。

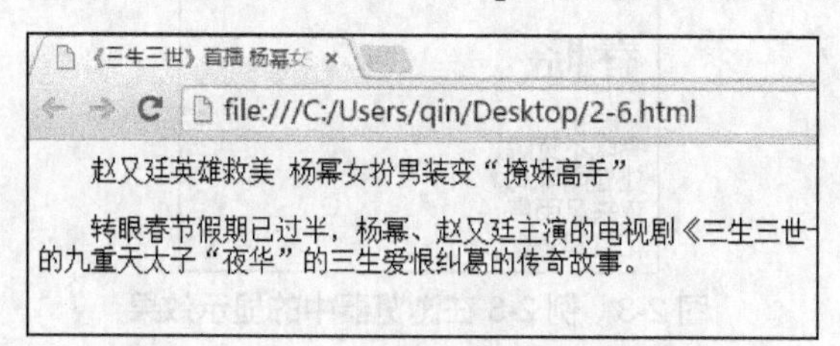

图 2-2 例 2-7 在浏览器中的显示效果

2.2.3 换行与水平分割线

当浏览器显示页面时，浏览器会移除源代码中多余的空格和空行，所有连续的空格或空行都会被算作一个空格。如果希望在不产生一个新段落的情况下进行换行（新行），可以使用
 标签。例 2-8 演示了使用
标签排版唐诗。

例 2-8 2-8.html

```
<!DOCTYPE html>
<html>
    <head>
        <meta charset="gb2312">
        <title>唐诗 春晓 孟浩然</title>
    </head>
    <body>
        <h1>春晓</h1>
        <p>
            春眠不觉晓，<br />
            处处闻啼鸟。<br />
            夜来风雨声，<br />
            花落知多少。<br />
        </p>
    </body>
</html>
```

例 2-8 在浏览器中的显示效果如图 2-3 所示。
元素是一个空的 HTML 元素，由于关闭标签没有任何意义，因此它没有结束标签。

<hr />标签用于在 HTML 页面中创建一条水平线。<hr />标签没有结束标签。下面的代码将在标题与段落之间产生一条水平线：

```
<h2>娱乐</h2>
<hr />
<p>近日，据“关八”网友爆料，赵薇被拍到跟老公黄有龙、女儿小四月一起在迪拜旅行，有网友拍到赵薇在当地的照片，照片中，赵薇素颜现身，戴着墨镜，穿着波点长裙，小腹凸起明显。
</p>
```

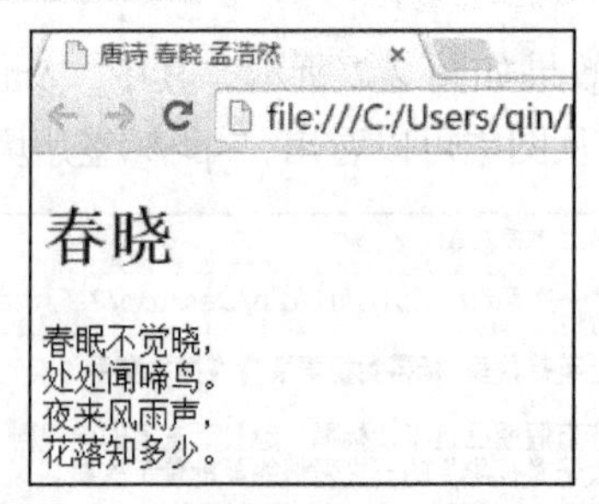

图 2-3　例 2-8 在浏览器中的显示效果

2.2.4　文本格式化标签

在网页上添加文本后，可以通过特定的文本格式化标签对文本设置各种文本效果，表 2-2 列举了常用的文本格式化标签。通过这些标签可以为文本设置加大、缩小、加粗、添加删除线等效果。

表 2-2　常用文本格式化标签

标签	描述
<b>	定义粗体文本
<big>	定义大号字
<em>	定义着重文字
<i>	定义斜体字
<small>	定义小号字
<strong>	定义加重语气
<sub>	定义下标字
<sup>	定义上标字
<ins>	定义插入字
<del>	定义删除字

例 2-9 演示了怎样为文本设置加粗、倾斜、添加删除线等效果。

例 2-9　2-9.html

```
<!DOCTYPE html>
<html>
<head>
<meta content="text/html; charset=gb2312" http-equiv="Content-Type"/>
<meta charset="gb2312"/>
<title>python 简介</title>
<meta name="keywords" content="python 特点 python 应用"/>
<meta name="Description" content="Python（英国发音：/'paIθən/ 美国发音：/'paIθɑ:n/），是一种面向对象的解释型计算机程序设计语言，由荷兰人 Guido van Rossum 于 1989
```

```
年发明，第一个公开发行版发行于 1991 年。Python 是纯粹的自由软件，源代码和解释器 CPython 遵循 GPL（GNU General Public License）协议。Python 语法简洁清晰，特色之一是强制用空白符(whit..."/>
    </head>
    <body>
             <strong>Python</strong>已经成为最受欢迎的程序设计语言之一。2011 年 1 月，它被<b>TIOBE 编程语言排行榜</b>评为 2010 年度语言。<br/>
         由于 Python 语言的简洁性、易读性以及可扩展性，在国外用 Python 做科学计算的研究机构日益增多。众多开源的科学计算软件包都提供了 Python 的调用接口，例如著名的<i>计算机视觉库 OpenCV、三维可视化库 VTK、医学图像处理库 ITK</i>。而 Python 专用的科学计算扩展库更多，例如，如下 3 个十分经典的科学计算扩展库：NumPy、SciPy 和 matplotlib，它们分别为 Python 提供了快速数组处理、数值运算以及绘图功能。因此 Python 语言及其众多的扩展库所构成的开发环境十分适合工程技术、科研人员处理实验数据、制作图表，甚至开发科学计算应用程序。
    </body>
    </html>
```

例 2-9 在浏览器中的显示效果如图 2-4 所示。

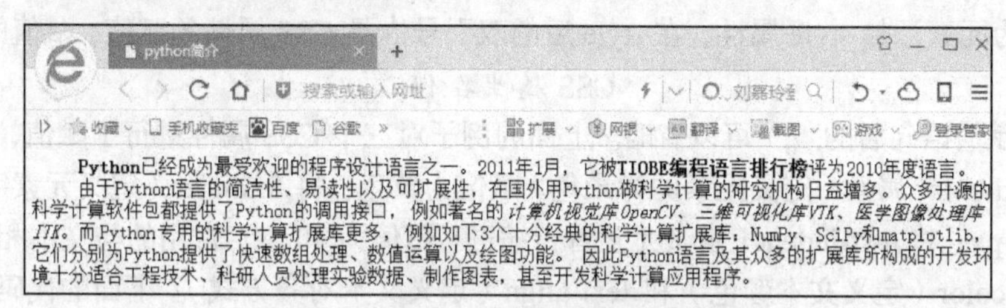

图 2-4　例 2-9 在浏览器中的显示效果

至于<sub>、<sup>等用于定义小标与上标，典型使用场合如 H_2O、O^{2-}，请自行练习。

2.3 HTML 样式

使用 HTML 格式化标签可以为文本定义简单的格式，但复杂的格式设置如字体大小、背景颜色、文本对齐方式等通过 HTML 样式来设置。可以为所有的 HTML 标签定义 style 属性，通过 style 属性改变 HTML 元素的样式，下面通过例 2-10 来理解通过 style 属性定义样式。

例 2-10　2-10.html

```
<!DOCTYPE html>
<html>
<head>
    <meta content="text/html; charset=gb2312" http-equiv="Content-Type"/>
    <meta charset="gb2312"/>
    <title>法拉利全新车型曝光 搭载 V12 发动机_汽车_腾讯网</title>
    <meta name="keywords" content="法拉利全新车型曝光 搭载 V12 发动机"/>
```

```
    <meta name="Description" content="法拉利全新车型曝光 搭载 V12 发动机"/>
</head>
<body style="background-color:yellow;font-size:20px;text-indent:40px;">
    日前，海外媒体曝光了法拉利将推出一台<br/>搭载 V12 发动机的全新车型。据悉，这将是
法拉<br/>利发布 J50 纪念版车型后，再一次推出全新车型。
</body>
</html>
```

例 2-10 在浏览器中的显示效果如图 2-5 所示。

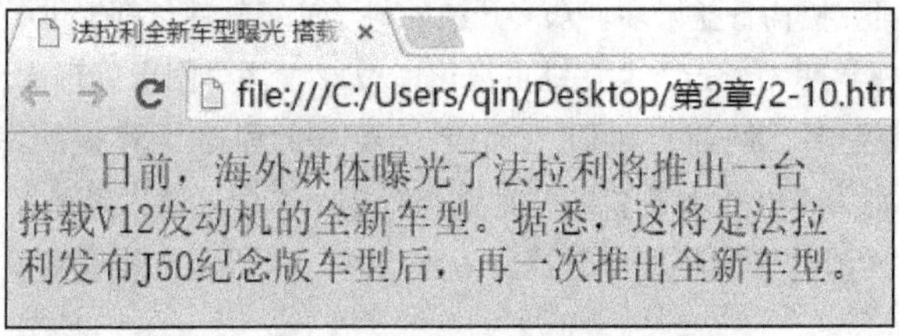

图 2-5　例 2-10 在浏览器中的显示效果

可以看到定义 style 属性后，HTML 元素的样式发生了变化。例 2-10 中定义样式的语句为<body style="background-color:yellow; font-size:20px; text-indent:40px;">。要定义元素的样式，先为元素添加 style 属性，在 style 后的双引号内是 CSS 属性的赋值，赋值的格式为：

CSS 属性名:值;

每条赋值语句后的“;”可以省略。上面的例子对三个 CSS 属性进行了赋值，分别是将 background-color 属性（定义元素的背景色）赋值为黄色；将 font-size（定义元素字体大小）赋值为 20 px；将 text-indent（定义元素首行缩进）赋值为 40 px。常用的与文本相关的 CSS 属性还有 color（定义文本颜色）和 text-align（定义文本对齐方式）。下面的代码分别将两个段落的颜色设置为绿色和蓝色，文本对齐方式为居中对齐和左对齐（text-align 定义的是元素内容的对齐方式，如 p 里文本的居中或左对齐、右对齐，不改变元素如 p 在网页上的位置）：

```
<p style="color:green;text-align:center;">上汽大众斯柯达速派</p>
<p style="color:blue;text-align:left;">源于大众，高于大众”这句话恰恰就说出了
斯柯达品牌的产品定位，源于大众说的是斯柯达车型均出自大众平台.</p>
```

读者可以自己输入代码并在浏览器中查看显示效果，同时可以尝试分别设置两个段落的背景色和首行缩进。

注意：HTML 标签的属性与 CSS 属性是完全不同的，不同 HTML 标签具有不同的属性，HTML 标签属性的设置采用“=”；CSS 属性用于独立设置样式，与 HTML 标签无关，CSS 属性设置采用符号“:”。

2.4　<div>标签与<span>标签

<div>标签可定义文档中的分区或节（division/section），div 元素没有特定的含义，是一个块元素。div 元素可用于文档布局，另外与 CSS 一起对大的内容块设置样式属性。例

2-11 演示了通过 div 与 CSS 一起设置文本的样式。

例 2-11 2-11.html

```
<!DOCTYPE html>
<html>
    <head>
    <meta charset="gb2312"/>
    <title>哪些大学可报考大数据专业？2017年大数据专业就业前景-@云创大数据</title>
    <meta name="keywords" content="哪些大学可报考大数据专业？2017 年大数据专业就业前景"/>
    <meta name="Description" content="据教育部数据显示，目前，全国已有 35 所高等院校开通了大数据专业。也就是说，高考报志愿可直接报大数据专业的学校了。那么，哪些大学可以报考大数据专业呢?大数据专业的就业前景如何呢?<br>
"/>
</head>
<body>
<div style="font-size:14px; color:#2b2b2b; text-align:left; line-height:26px;">       作者|笑面虎（本文为 36 大数据专稿）</div>
  <div style=" font-size:14px; color:#2b2b2b; text-align:left; line-height:26px;">        据数联寻英发布《大数据人才报告》显示，目前全国的大数据人才仅 46 万，未来 3～5 年内大数据人才的缺口将高达 150 万。据职业社交平台 LinkedIn 发布的《2016 年中国互联网最热职位人才报告》显示，研发工程师、产品经理、人力资源、市场营销、运营和数据分析是当下中国互联网行业需求最旺盛的六类人才职位。其中研发工程师需求量最大，而数据分析人才最为稀缺。领英报告表明，数据分析人才的供给指数最低，仅为 0.05，属于高度稀缺。数据分析人才跳槽速度也最快，平均跳槽速度为 19.8 个月。</div>
</body>
</html>
```

在例 2-11 中，通过 div 元素的 style 属性为 div 设置文字大小为 14 px，设置了文字颜色，设置文本水平对齐方式为左对齐，设置行高为 26 px。例 2-11 在浏览器中的显示效果如图 2-6 所示。

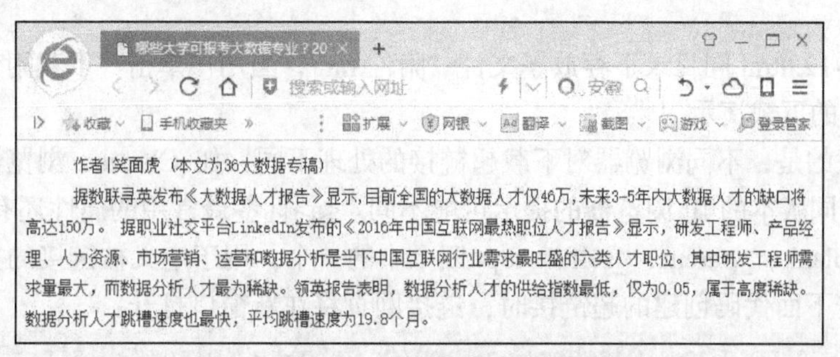

图 2-6 例 2-11 在浏览器中的显示效果

另外通过在页面上放置多个 div 并定义好每个 div 的位置（div 的位置确定了，div 中包含的段落、图片等内容也就随 div 确定了在网页上的位置）及大小可以达到给网页布局的效果。

span 元素是行内元素，span 元素也没有特定的含义。其主要使用场合是与 CSS 一同使用，为部分文本设置样式属性。如下面的代码将“*”设置为红色：

```
<span style="color:red; ">*</span>请输入密码:
```

具体显示效果请读者自己输入代码在浏览器中查看。

2.5 超链接

HTML 使用超链接与网络上的另一个文档相连，几乎可以在所有的网页中找到链接，单击链接可以从一张页面跳转到另一张页面。链接的 HTML 代码格式为：

```
<a href="url">Link text</a>
```

href 属性规定链接的目标，开始标签和结束标签之间的文字被作为超链接来显示。下面的代码创建了一个超链接：

```
<a href="http://www.w3school.com.cn/">Visit W3School</a>
```

上面这行代码显示为：Visit W3School，单击这个超链接会把用户带到 W3School 的首页。如果 href 属性指定的链接目标（如“http://www.w3school.com.cn/”）是浏览器支持的格式，浏览器会默认直接在线打开（比如图片），不支持的格式，就会弹出下载提示。例 2-12 创建了一个下载文件的超链接。

例 2-12　2-12.html

```
<!DOCTYPE html>
<html>
    <head>
    <meta charset="gb2312"/>
    <title>超链接下载演示</title>
</head>
<body>
   <a href="附件.rar">下载附件</a>
</body>
</html>
```

如果在 2-12.html 同目录下存放了文件“附件.rar”，当用户单击“下载附件”时会弹出如图 2-7 所示的下载演示。

需要注意的是，不同浏览器对下载超链接的处理不同，如 Chrome 浏览器会直接下载没有提示，不同版本的 IE 浏览器的提示可能不同。<a>标签最常用的属性还有 target，其取值可以为：_blank、_parent、_self、_top 四个中的一个，用于定义被链接的文档在何处显示。用户单击下面代码创建的超链接时，链接网页将在新窗口打开：

```
<a href="http://www.w3school.com.cn/" target="_blank">Visit W3School!</a>
```

用户单击下面代码创建的超链接时，链接网页将在当前窗口中打开：

```
<a href="http://www.w3school.com.cn/" target="_self">Visit W3School!</a>
```

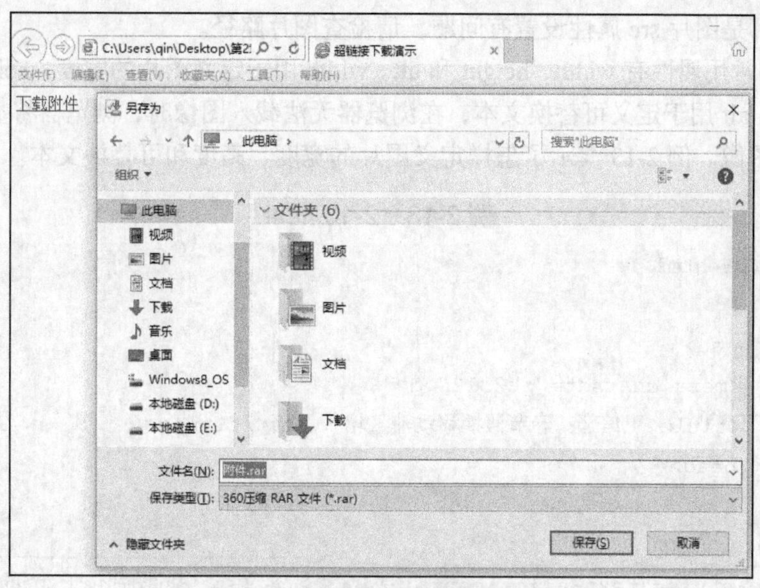

图 2-7 创建下载超链接的下载演示

2.6 图像

在 HTML 中，图像由 <img> 标签定义，<img> 是空标签，没有闭合标签。定义图像的语法是：

```
<img src="url" />
```

URL 指存储图像的位置，可以是本地计算机上的图片地址，也可以是互联网上图片的地址。下面针对图片与当前网页位置的相对位置介绍 url 的书写代码。图 2-8 展示了网页与图的三种相对位置。

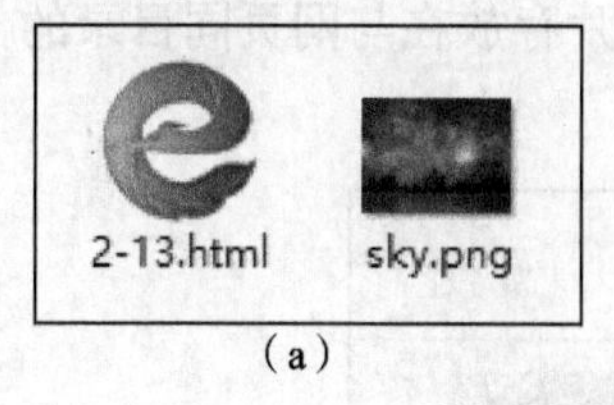

（a）

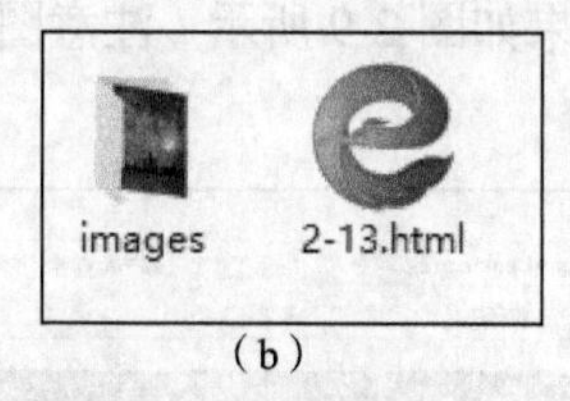

（b）

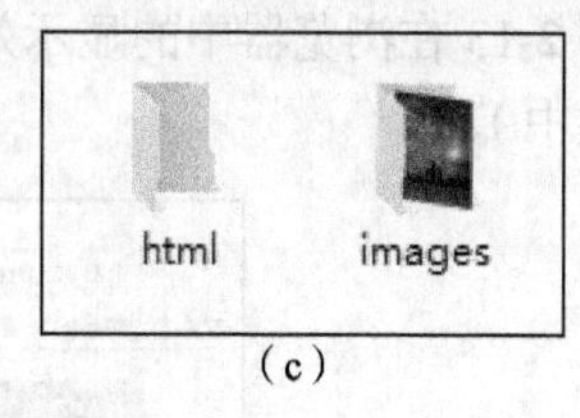

（c）

图 2-8 在网页中显示图片与网页的相对位置

在图 2-8（a）中，图片“sky.png”与网页处于同一目录下，在网页 2-13 中显示图片的代码为：

```
<img src="sky.png" />
```

在图 2-8（b）中，图片 sky.png 所在的文件夹“images”与网页处于同一目录下，在网页 2-13 中显示图片的代码为：

```
<img src="images/sky.png" />
```

在图 2-8（c）中，图片 sky.png 所在的文件夹“images”与网页所在的文件夹“html”处于同一目录下，在网页 2-13 中显示图片的代码为：

```
<img src="../images/sky.png" />
```

上面的代码中，“../”表示上一级目录。如果在网页中定义了<img>标签，但不能正常显示，一般都是图片 src 属性设置有问题，请检查图片路径。

<img>的常用属性有 width、height 和 alt。width 用于定义图片的宽度；height 用于定义图片的高度；alt 用于定义可替换文本，在浏览器无法载入图像时，浏览器将显示这个替换文本而不是图像。例 2-13 演示了怎样定义图片的宽度、高度和可替换文本。

例 2-13　2-13.html

```
<!DOCTYPE html>
<html>
    <head>
      <meta charset="gb2312">
      <title>工信部：春节假期移动流量增长 2 倍</title>
    </head>
<body>
  <div >
    <p style="text-align:center;">    定义<p>中的图片位于<p>的中间
      <img src="images/h88.jpg"  width="500"  height="332"  alt="图片无法显示 "/>
    </p>
    <p style=" text-indent:0px;text-align:center;font-size:14px;">
      <span>工信部：春节假期移动流量增长 2 倍</span>
    </p>                      定义<p>中的<span>位于<p>的中间，无首行缩进
  </div>
</body>
</html>
```

例 2-13 在浏览器中的显示效果如图 2-9 所示（注意图片存放在与网页同目录的 images 文件夹中）。

图 2-9　例 2-13 在浏览器中的显示效果

图像还可以与超链接结合使用，创建图像超链接，下面的代码定义了一个图像超链接：

```
<a href="http://finance.ifeng.com/a/20170202/15173930_0.shtml">
<img src="images/h88.jpg"/>   </a>
```

以上代码的结果是在网页上显示了一张图像，单击图像会打开链接网页。

2.7 综合练习——制作图文混排新闻页面

现在要制作一个介绍保时捷 911 新车的新闻页面，页面效果如图 2-10 所示。

图 2-10 图文混排新闻页面效果

假设要制作的网页文件名是“911.html”，网页中的图片保存在与“911.html”同一文件夹中的“images”文件夹中，图片的名字分别是“1.jpg”和“2.jpg”。制作网页，首先定义网页头部，代码如下：

```
<!DOCTYPE html>
<html>
        <head>
        <meta http-equiv="Content-Type" content="text/html; charset=gb2312">
        <title>【图】轴距或加长 新一代保时捷 911 谍照曝光_汽车之家</title>
        <meta name="keywords" content="轴距或加长 新一代保时捷 911 谍照曝光">
        <meta name="description" content="轴距或加长 新一代保时捷 911 谍照曝光">
</head>
```

然后在<body>标签内定义内容（下面所有代码都放在<body>内），首先在<body>内添加新闻的标题：

```
    <h1 style="height: 49px;line-height: 49px;text-align: center; color: #333;
font-size: 28px;
        font-family: 微软雅黑;">
        轴距或加长 新一代保时捷 911 谍照曝光
    </h1>
```

以上代码在<h1>标签的 style 属性内定义了 height 这个 CSS 属性，即定义 h1 元素的高度为 49 px；定义了 CSS 属性：line-height，其值同样为 49 px，将 line 和 line-height 设置为相同的值，可以使标签里的内容在标签内达到“垂直居中”的效果。CSS 属性 font-family 设置字体为“微软雅黑”，其他 CSS 属性前文有过介绍，不再重复。

在标题后显示新闻作者、时间、来源等：

```
    <div style="line-height:22px;color:#999;text-align:center;">
        <span>2017 年 02 月 02 日 20:03      </span>
        <span>来源: <a href="http://www.autohome.com.cn/"  target="_blank" style=
"color:#3b5998;"> 汽车之家</a>    </span>
        <span>类型: 原创    </span>
      <span> 编辑:<a href="http://www.autohome.com.cn" target="_blank">张晓丹</a>
      </span>
    </div>
```

以上代码在<div>标签中主要定义了 CSS 属性 text-align，使 div 中的内容在<div>内“水平居中”，通过转义字符" "在不同<span>标签间增加空白距离。

正文每一个段落用一个<p>标签，第一个段落：

```
    <p style="line-height:28px;font-size:16px;color:#333; text-indent:32px;">
      [<a class="ShuKeyWordLink" href="detail_29_31_100.html" target="_blank">
汽车之家</a> 海外谍照]   日前，海外媒体抓拍到了新一代保时捷 911(992)的冬季路试谍照，
新车仍延续保时捷 911 车系的经典外观造型，尾部换装了贯穿式尾灯以示创新。据海外媒体推测，新车
的轴距有望小幅加长，我们最早能在 2018 年下半年一睹这款车的真面目。</p>
```

第一个段落后增加一条橙色水平线：

```
    <hr color="#ff6600"/>
```

然后显示两张图片，由于图片不是块元素，如果图片尺寸不够，两张图片将位于同一行，在本网页里，将每张图片放在一个<p>中：

```
    <p align="center">
        <img width="620" height="348"  alt="汽车之家"  src="images/1.jpg" ></a>
    </p>
    <p align="center">
        <img width="620" height="348"  alt="汽车之家"  src="images/2.jpg" ></a>
    </p>
```

在网页的最后添加最后一个段落：

```
    <p style="line-height:28px;font-size:16px;color:#333;text-indent:32px;">保时
捷官方承认新一代保时捷 911 将引入混动技术，但不会推出纯电动版本。新车将于 2018 年下半年首发，
并在年底前上市。在此之前保时捷的车迷们也不必过于焦急等待，同样重磅的现款保时捷 911(991.2)
GT3 和 GT2 高性能版本会在未来几个月内陆续公布。(信息来源:motor1;编译/汽车之家 张晓丹)</p>
```

至此，新闻页面制作完成，请读者自行编写代码，在浏览器中查看显示效果，并尝试在每张图下面为图添加名称，图名水平居中。

2.8 综合练习——制作购物页面上的商品展示框

现在互联网上的购物网站非常多，在购物网站的页面上有多个商品的简介，单击商品可以查看商品的详细信息。本小节模拟制作页面上某个商品的介绍，效果如图 2-11 所示。

从图中可以看到，商品介绍包括图片、价格及文字介绍等。在此例中，需要为元素添加边框线，因此先介绍为元素添加边框线的 CSS 属性 border，如：

```
<div style="border:1px red solid; ">
    <a href="http://www.gcu.edu.cn"  style="border:2px yellow dotted" >华
广 </a>
</div>
```

边框线的设置包括粗细、颜色与样式，上述代码为<div>添加粗细为 1 px、颜色为红色、样式为实线的边框线，为<a>添加粗细为 2 px、黄色、样式为点线的边框线。

为了制作图 2-11 中所示网页，可以采用 div 嵌套，嵌套层次如图 2-12 所示。

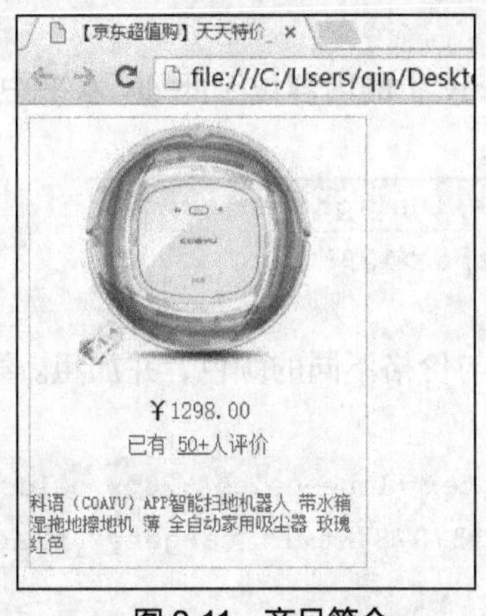

图 2-11 商品简介

图 2-12 div 嵌套层次图

从图 2-12 中可以看到，一共包含 5 个 div，最外层的 div 包含 4 个 div，里面的 div 分别用于显示图片、价格、评价、文字简介等。最外面的 div 显示边框线，里面的 div 不显示边框线。假设要制作的网页文件名是“product.html”，网页中的图片保存在与“product.html”同一文件夹中的“images”文件夹中，图片的名字是“1.jpg”。制作网页，首先定义网页头部，代码如下：

```
<!DOCTYPE html>
<html>
        <head>
        <meta charset="gbk">
        <title>【京东超值购】天天特价_品牌折扣_打折促销_优惠活动 - 京东</title>
        <meta name="keywords" content="超值购,超值,专享价,促销,优惠,促销活动,
品牌折扣,打折信息">
```

```
        <meta name="description" content="京东超值购 - 京东旗下超值优惠，好货低价推荐频道。涉及天天特价、促销专享价、品牌折扣、打折信息，涵盖电脑数码、手机家电、食品百货、服饰鞋帽、母婴、图书等全品类优惠促销活动！">
    </head>
```

然后在<body>标签内定义内容（下面所有代码都放在<body>内），首先在<body>内添加最外面的 div:

```
    <div style=" width: 232px; height: 300px; border:1px solid #ccc; ">
        ......
    </div>
```

上述代码主要定义了最外面 div 的宽度、高度和边框线。然后在上面的 div 中添加 4 个 div，第一个 div 的定义为：

```
    <div style=" text-align:center;">
        <a title="科语（COAYU）APP 智能扫地机器人 带水箱湿拖地擦地机 薄 全自动家用吸尘器 玫瑰红色"  href="item.jd.com"   target="_blank" >
            <img width="165" height="165" src="images/1.jpg" />
        </a>
    </div>
```

在这个 div 中定义了 text-align 的值为 center（div 中的内容位于此 div 水平中间位置），在 div 里是一个图像超链接。第二个 div 的定义为：

```
    <div style="font-size:16px;color:red;text-align:center;">
    <span style="color:black;"><b>¥</b></span>1298.00
    </div>
```

在这个 div 中的<span>主要为人民币符号定义与价格不同的颜色，并加粗。第三个 div 的定义为：

```
    <div style="font-size:14px;text-align:center ;line-height:28px;color:#666;">
    已有 <a style="color:red;" href="10533337078.html" target="_blank" >50+</a>人评价</div>
```

在这个 div 中相关 CSS 属性在前面已有阐述，不再说明。第四个 div 的定义为：

```
    <div style="font-size:12px;color:#666;">科语（COAYU）APP 智能扫地机器人 带水箱湿拖地擦地机 薄 全自动家用吸尘器 玫瑰红色</div>
```

至此，相关内容的代码全部完成，里面 div 与 div 之间的距离可以通过
来添加。

本章小结

文字与图像是网页上最主要的内容，本章先介绍了怎样定义网页元信息，接着对标题与段落、格式化标签、样式等进行了详细说明，由于<div>标签与<span>标签在网页中应用非常广泛，本章也对这两个标签做了介绍，最后运用本章内容制作新闻页面和商品介绍页面，读者还需要注意的一点是在 HTML 中，**块元素不能嵌套在行内元素中**。

通过本章的学习，读者可以将文本相关标签、超链接、图像标签与 CSS 结合制作一些简单网页。

第3章 HTML列表

学习目标

- 掌握怎样定义有序列表和无序列表。
- 掌握通过CSS定义列表的项目符号。
- 掌握列表的嵌套定义。

列表是网页设计中的一个重要内容，既可以用来强调文本，也可以用来制作导航栏，显示新闻列表等，本章将介绍怎样定义列表及用列表创建导航栏。

3.1 无序列表与有序列表

无序列表是一个项目的列表，此列项目使用实心圆、空心圆、方块等进行标记；同样，有序列表也是一列项目，列表项目使用数字、罗马字符等进行标记，如图3-1所示。

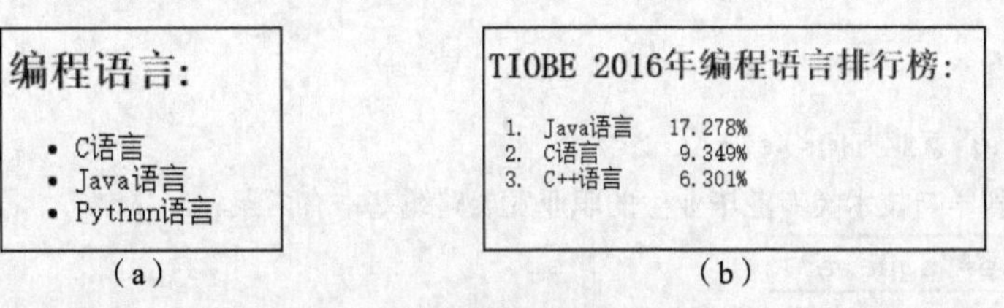

图3-1 无序列表与有序列表示例

图3-1分别展示了一个无序列表和有序列表，其中图3-1（a）的HTML源代码为：

```
<h2>编程语言有:</h2>
<ul>
  <li>C 语言</li>
  <li>Java 语言</li>
  <li>Python 语言</li>
</ul>
```

可以看到无序列表用<ul>标签定义，其中每一个列表项如“C 语言”“Java 语言”和“Python 语言”都定义在<li>标签中，有多少个列表项就有多少个<li>标签，不要在<ul>标签中直接写列表项的内容，如下面代码中的写法是错误的：

```
<ul>
  C 语言
  Java 语言
```

```
  Python 语言
</ul>
```

<ul>标签具有属性“type”，该属性可以定义列表项前项目符号的类型，表 3-1 列举了“type”可能的取值。

表 3-1　<ul>标签“type”属性

值	备注
disc（默认）	实心圆
circle	空心圆
square	小方块

例 3-1 演示设置列表项的项目符号类型。

例 3-1　3-1.html

```
<!DOCTYPE html>
<html>
<head>
<meta charset="gb2312">
<title>2016 计算机专业就业前景解读</title>
</head>
<body>
<p><strong>就业方向</strong></p>
<p>计算机科学与技术类专业毕业生的职业发展路线基本有两条：</p>
  <ul type="square">
      <li>纯技术路线：信息产业是朝阳产业，对人才提出了更高的要求，因为这个行业的特点是技术更新快，这就要求从业人员要不断补充新知识，同时对从业人员学习能力的要求也非常高；</li>
      <li>由技术转型为管理，这种转型常见于计算机行业，比如编写程序，是一项脑力劳动强度非常大的工作。随着年龄的增长，很多从事这个行业的专业人才往往会感到力不从心，因而由技术人才转型到管理类人才不失为一个很好的选择。</li>
  </ul>
</body>
</html>
```

例 3-1 在浏览器中的显示效果如图 3-2 所示，注意“type”是标签<ul>的属性，不是 CSS 属性，所以不能写成：

```
<ul style="type: square">
 …
</ul>
```

有序列表通过标签<ol>进行定义，其使用方法与无序列表类似，也有属性“type”，“type”属性的取值如表 3-2 所示。

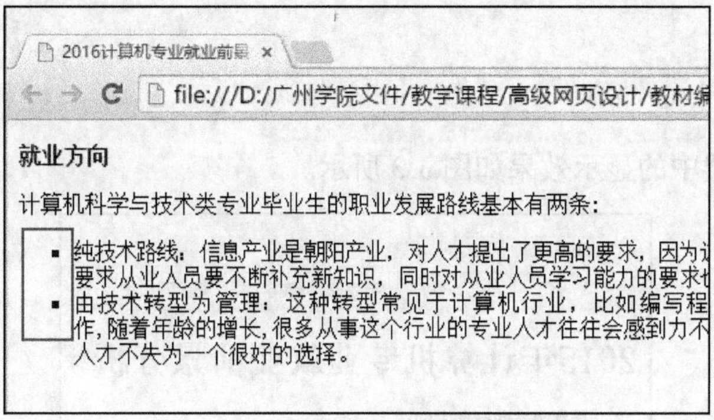

图 3-2　例 3-1 在浏览器中的显示效果

表 3-2　<ol>标签"type"属性

值	备注
1（默认）	数字（1，2，3，4）
A	大写英文字母（A，B，C，D）
a	小写英文字母（a，b，c，d）
I	大写罗马字母（Ⅰ，Ⅱ，Ⅲ，Ⅳ）
i	小写罗马字母（ⅰ，ⅱ，ⅲ，ⅳ）

例 3-2 演示将有序列表的项目符号类型设置为大写英文字母。

例 3-2　3-2.html

```
<!DOCTYPE html>
<html>
<head>
<meta charset="gb2312">
<title>2015 年计算机专业就业前景分析-搜狐教育</title>
</head>
<body>
<div>
        <h1>2015 年计算机专业就业前景分析</h1>
        <p>
            <strong>计算机专业就业方向:</strong>
        </p>
        <ol type="A">
            <li>Web 应用程序设计专业</li>
            <li>可视化程序设计专业</li>
            <li>数据库管理专业</li>
            <li>多媒体应用专业</li>
            <li>移动应用开发专业</li>
        </ol>
```

```
</div>
</body>
</html>
```

例 3-2 在浏览器中的显示效果如图 3-3 所示。

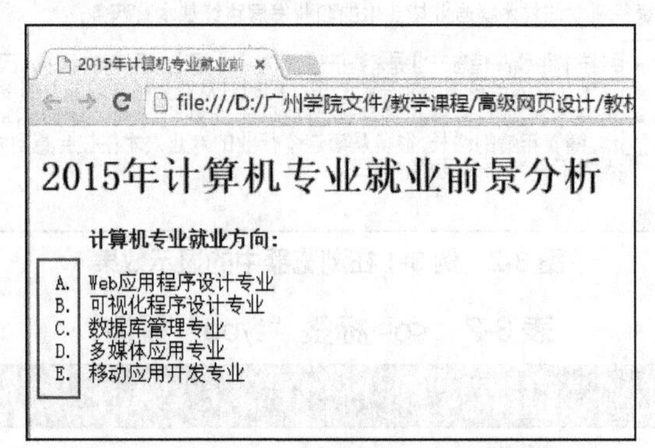

图 3-3　例 3-2 在浏览器中的显示效果

3.2 通过 CSS 设置列表项目符号及制作导航栏

在 HTML 4.01 中，不建议使用 ol 元素的“type”属性，建议使用 CSS 设置列表项目符号（尽管不赞成使用“type”属性，但所有浏览器都支持“type”属性）。设置列表项目符号类型的 CSS 属性为 list-style-type，该属性的取值情况如表 3-3 所示。

表 3-3　list-style-type 属性主要取值

值	备注
none	无项目符号
disc（默认）	实心圆
circle	空心圆
square	小方块
decimal	数字（1，2，3，4）
upper-roman	大写英文字母（A，B，C，D）
lower-alpha	小写英文字母（a，b，c，d）
upper-roman	大写罗马字母（Ⅰ，Ⅱ，Ⅲ，Ⅳ）
lower-roman	小写罗马字母（ⅰ，ⅱ，ⅲ，ⅳ）

在例 3-1 中，如果使用 CSS 属性设置项目符号类型为小方块，只需将代码

```
<ul type="square">
```

修改为：

```
<ul stype="list-style-type:square;">
```

在例 3-2 中，如果使用 CSS 属性设置项目符号类型为大写字母，只需将代码

```
<ol type="A">
```

修改为：

```
<ol stype="list-style-type:upper-roman;">
```

如果将 list-style-type 的属性设置为“none”，则列表项前没有项目符号。在网页中经常用列表制作导航栏，此时列表项不需要项目符号。

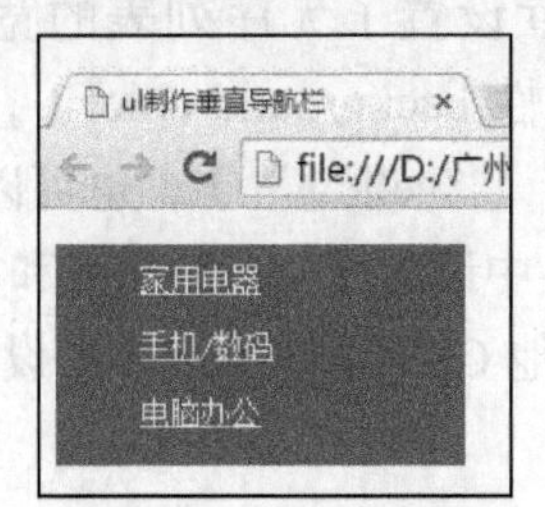

图 3-4 垂直导航栏

图 3-4 中显示的是一个简单的垂直导航栏，可以用<ul>实现，图中一行对应<ul>中一个<li>标签，在<li>标签中包含超链接，文字颜色是白色。源代码见例 3-3。

例 3-3 3-3.html

```
<!DOCTYPE html>
<html>
<head>
<meta charset="gb2312">
<title>ul 制作垂直导航栏</title>
</head>
<body>
<div>
    <ul style="width:150px;height:100px;background-color:#6e6568;list-
style-type:none;">
       <li style="height:30px;line-height:30px;">
           <a href="jiadian.html" target="_blank" style="font-size:14px;
color:#fff;">家用电器</a>
       </li>
       <li style="height:30px;line-height:30px;">
            <a href="shouji.html" target="_blank" style="font-size:14px;color:
#fff;">手机</a>
            <span style="font-size:12px;">/</span>
            <a href="shuma.html" target="_blank" style="font-size:14px;color:
#fff;">数码</a>
       </li>
       <li style="height:30px;line-height:30px;">
          <a href="diannao.html" target="_blank" style="font-size:14px;color:
#fff;">电脑办公</a>
    </li>
```

background-color 设置<ul>的背景色，list-style-style 设置项目符号

```
  </ul>
</div>
</body>
</html>
```

在<ul>标签中通过 style 属性设置了无序列表的宽度（CSS 属性 width）、高度（CSS 属性 height）和背景色（CSS 属性 background-color），背景色是一种颜色，可以是单词表示的颜色（如“black”“white”“"yellow”），也可以是 6 位 16 进制表示的 RGB 颜色（如#FFFFFF，白色）；在<li>标签中设置了<li>的高度和行高的值相同，可以达到<li>中的内容在<li>中垂直居中的效果；其他 CSS 属性 font-size 设置字体大小，color 设置文字颜色，此处不再详细介绍。

3.3 列表嵌套

列表可以嵌套，即在一个列表中包含另外一个列表。在例 3-3 中将网站商品分为“家用电器”“手机/数码”和“电脑办公”三类。实际上这三类还可以细分，如“家用电器”分为“电视”“空调”“洗衣机”，“手机/数码”分为“手机配件”“手机通信”“数码配件”和“智能设备”，“电脑办公”分为“电脑整机”“电脑配件”和“文具耗材”等。例 3-4 演示了在列表中如何嵌入另外一个列表。

例 3-4　3-4.html

```
<!DOCTYPE html>
<html>
<head>
<meta charset="gb2312">
<title>ul 制作垂直导航栏</title>
</head>
<body>
<div>
<ul style="width:150px;height:400px;background-color:#6e6568;list-style-
type:none;">
    <li style="height:120px;line-height:30px;">
        <a href="jiadian.html" target="_blank" style="font-size:14px;
color:#fff;">家用电器</a>
            <ul style="list-style-type:none">
              <li style="height:30px;line-height:30px;color:#fff;">电视</li>
              <li style="height:30px;line-height:30px;color:#fff;">空调</li>
              <li style="height:30px;line-height:30px;color:#fff;">洗衣机</li>
            </ul>
        </li>
        <li style="height:150px;line-height:30px;">
```

嵌套列表，注意嵌套在上一级<li>里，无项目符号。

```
            <a href="shouji.html" target="_blank" style="font-size:14px;
color:#fff;">手机</a>
    <span style="font-size:12px;color:#FFF;">/</span><a href="shuma.html"
    target="_blank" style="font-size:14px;color:#fff;">数码</a>
       <ul  style="list-style-type:none">
           <li style="height:30px;line-height:30px;color:#fff;">手机通信</li>
           <li style="height:30px;line-height:30px;color:#fff;">手机配件</li>
           <li style="height:30px;line-height:30px;color:#fff;">数码配件</li>
           <li style="height:30px;line-height:30px;color:#fff;">智能设备</li>
       </ul>
       </li>
       <li style="height:120px;line-height:30px;">
       <a href="diannao.html" target="_blank" style="font-size:14px;color:
#fff;">电脑办公</a>
           <ul style="list-style-type:none;">
               <li style="height:30px;line-height:30px;color:#fff;">电脑整机</li>
               <li style="height:30px;line-height:30px;color:#fff;">电脑配件</li>
               <li style="height:30px;line-height:30px;color:#fff;">文具耗材</li>
               </ul>
       </li>
    </ul>
    </div>
    </body>
    </html>
```

例 3-4 在浏览器中的显示效果如图 3-5 所示，由于嵌套列表的加入，使上一级列表中<li>标签的高度发生变化，分别调整为 120px、150px、120px。

为了明确加入嵌套列表后元素之间的关系，可以为元素添加边框线。为上一级列表第三个<li>添加黑色边框线，为这个<li>中的<a>添加红色边框线，为这个<li>中的嵌套列表<ul>添加黄色边框线，相关代码如下：

```
    <li style="height:120px;line-height:30px;border:1px black solid;">
                        <a href="diannao.html" target="_blank" style="font-
size:14px;color:#fff;
    border:1px red solid;">电脑办公</a>
         <ul style="list-style-type:none;border:1px yellow solid;">
             <li style="height:30px;line-height:30px;color:#fff;">电脑整机</li>
             <li style="height:30px;line-height:30px;color:#fff;">电脑配件</li>
             <li style="height:30px;line-height:30px;color:#fff;">文具耗材</li>
         </ul>
    </li>
```

添加边框线后，显示效果如图 3-6 所示。

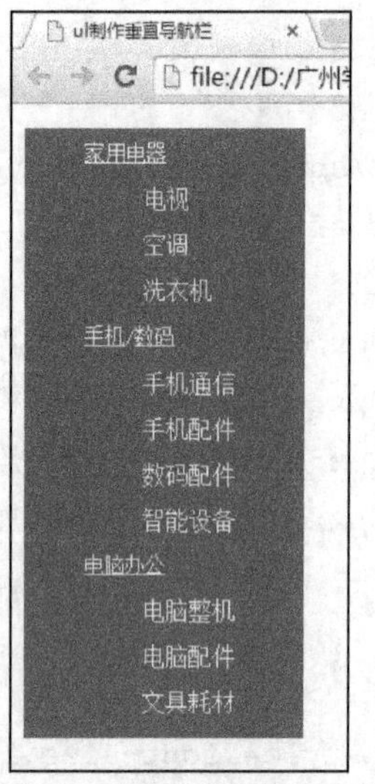

图 3-5　例 3-4 在浏览器中的显示效果

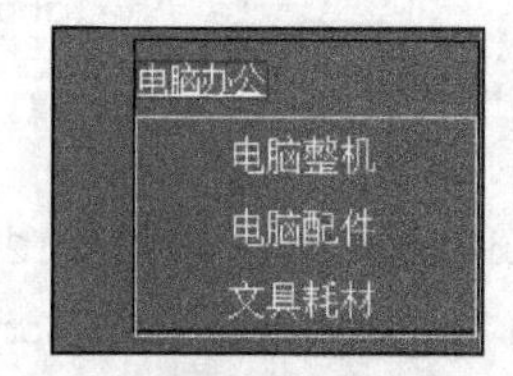

图 3-6　添加边框线后的显示效果

可以看到，嵌套<ul>位于上一级<li>元素中，<ul>没有与超链接位于同一行，<a>是行内元素，<ul>是块元素，每个<li>单独位于一行，<li>也是块元素。

3.4 自定义列表

自定义列表不仅仅是一列项目，而是项目及其注释的组合。自定义列表以<dl>标签开始。每个自定义列表项以<dt>开始。每个自定义列表项的定义以<dd>开始。下面的代码定义了一个自定义列表。

```
<h2>一个定义列表：</h2>
<dl>
   <dt>计算机</dt>
   <dd>用来计算的仪器 ......</dd>
   <dt>显示器</dt>
   <dd>以视觉方式显示信息的装置 ......</dd>
</dl>
```

自定义列表在浏览器中的显示效果如图 3-7 所示。

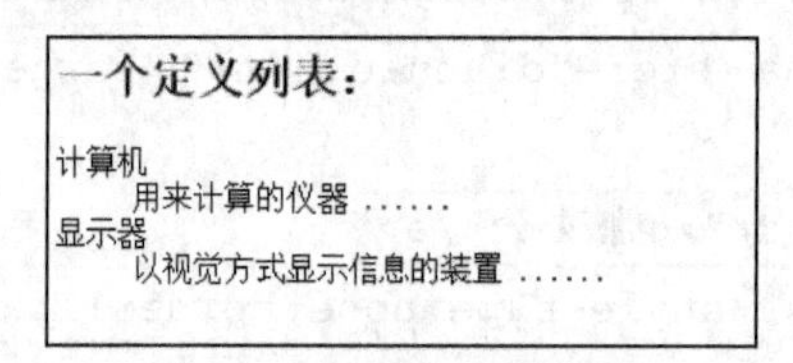

图 3-7　自定义列表示例

本章小结

本章详细介绍了有序列表与无序列表的创建，对列表的项目类型定义进行了重点阐述，列表在网页设计中非常常见，尤其常见于制作水平导航栏，对列表的定义、嵌套使用及相关 CSS 属性需要读者熟练掌握。

第4章 HTML 表格

学习目标

- 掌握表格的制作。
- 掌握表格、单元格的常用属性。
- 掌握内部样式表的定义，利用内部样式表美化表格。

表格是一种简单且直接显示信息的工具，本章介绍怎样制作表格、合并单元格等，然后介绍内部样式表的定义，将 CSS 与表格结合可以制作样式多变的表格。

4.1 创建表格

表格由<table>标签来定义。每个表格均有若干行（由<tr> 标签定义），每行被分割为若干单元格（由<td>标签定义）。字母 td 是指表格数据（table data），即数据单元格的内容。数据单元格可以包含文本、图片、列表、段落、表单、水平线、表格等。例 4-1 使用<table>创建表格来显示 2017 年春晚节目单。

例 4-1　4-1.html

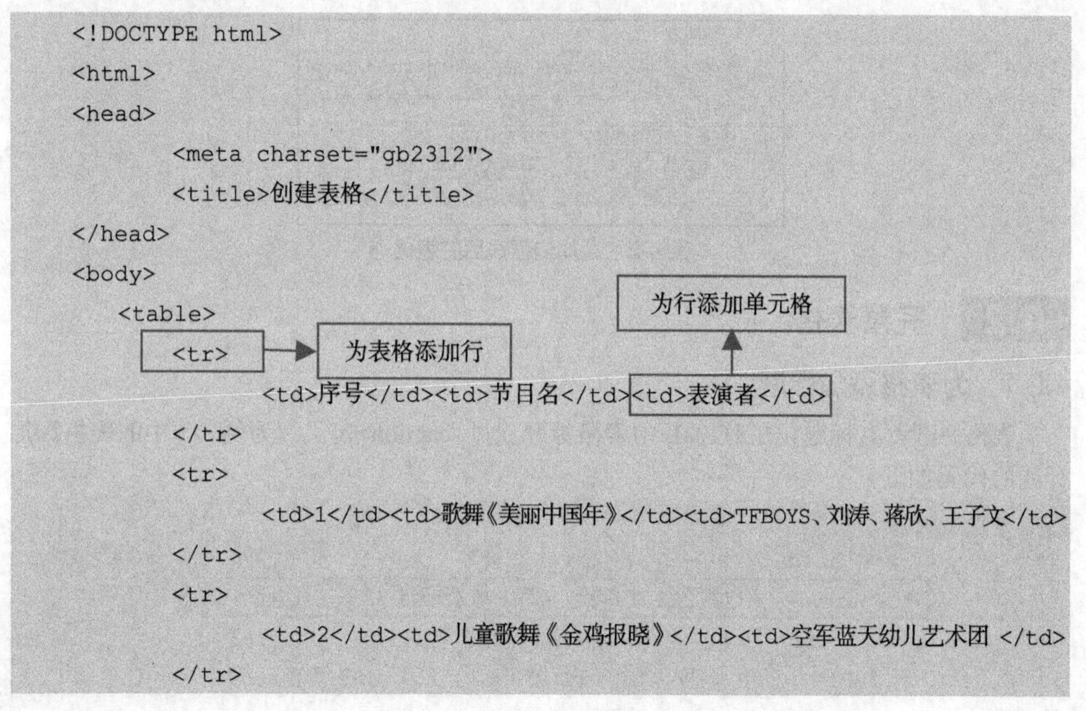


```
<!DOCTYPE html>
<html>
<head>
       <meta charset="gb2312">
       <title>创建表格</title>
</head>
<body>
   <table>
       <tr>
              <td>序号</td><td>节目名</td><td>表演者</td>
       </tr>
       <tr>
              <td>1</td><td>歌舞《美丽中国年》</td><td>TFBOYS、刘涛、蒋欣、王子文</td>
       </tr>
       <tr>
              <td>2</td><td>儿童歌舞《金鸡报晓》</td><td>空军蓝天幼儿艺术团 </td>
       </tr>
```

```
        <tr>
                <td>3</td><td>小品《大城小爱》</td><td>刘亮、白鸽、郭金杰</td>
        </tr>
    </table>
</body>
</html>
```

例 4-1 创建的表格在浏览器中的显示效果如图 4-1 所示。

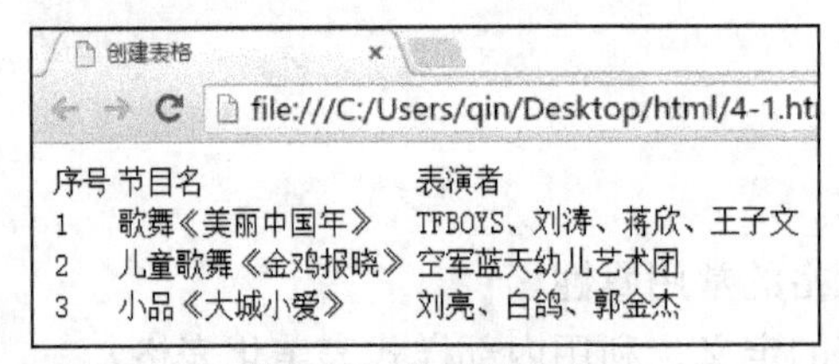

图 4-1　节目单表格

表格中的内容如“序号”“节目名”“表演者”等文本须在标签<td>中添加，不能直接将内容添加到<tr>标签中，所以不能写成：

```
<tr>
  序号  节目名  表演者  …
</tr>
```

很多表格都有边框线，可以通过设置<table>的“border”属性来设置边框线：

```
<table border="1">
```

“border”属性用来定义边框线的粗细，其值可以为 0，1，……设置边框线后的表格如图 4-2 所示。

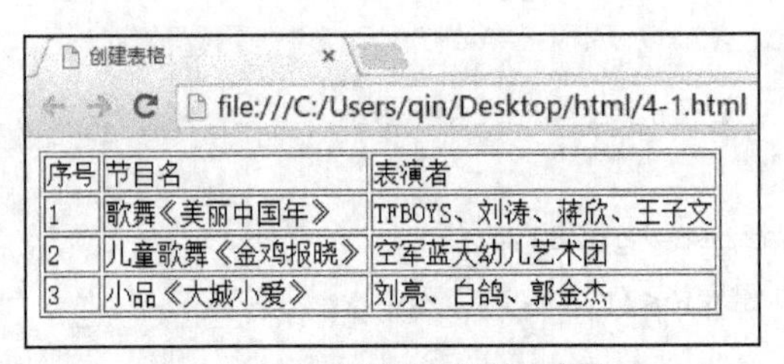

图 4-2　添加边框线后的表格

4.2 完善表格

4.2.1　为表格添加标题

表格一般都有标题，在 HTML 中表格标题通过<caption>定义。为例 4-1 中的表格添加标题的代码如下：

```
<body>
    <table border="1">
      <caption>中央电视台 2017 年春节联欢晚会节目单</caption>
        <tr>
            <td>序号</td><td>节目名</td><td>表演者</td>
```

```
        </tr>
        ......
      </table>
</body>
```

添加标题后的表格如图 4-3 所示。

图 4-3　添加标题后的表格

4.2.2　为表格添加表头

标签<th>用于定义表头，表头通常用于列名字。如例 4-1 中的“序号”“节目名”“表演者”都是列名字，可以将其定义为表头：

```
<tr>
    <th>序号</th><th>节目名</th><th>表演者</th>
</tr>
```

将列名字所在的<td>改为<th>即可设置标题，在浏览器中的显示效果如图 4-4 所示。

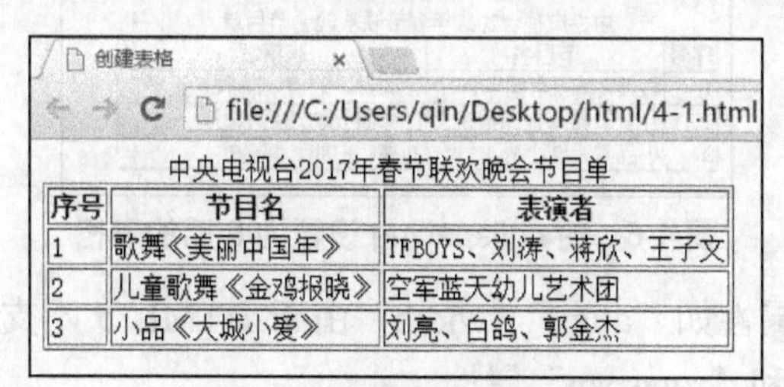

图 4-4　设置表头后的表格

从图 4-4 中可以看出，表头内容在单元格中自动加粗，水平居中。

4.2.3　表格与单元格的属性

表格有很多属性可以用来设置边框线的粗细、边框线的颜色等，由于在 HTML 4.01 中，表格的“width”“align”等属性不被推荐使用，表 4-1 列举了常用的、推荐使用的属性。为了更好地了解这些属性，将例 4-1 中的表格前两列放大得到图 4-5。

表 4-1　<ul>标签“type”属性

属性	值	描述
border	像素	规定表格边框的宽度
cellpadding	像素或百分比	规定单元边框与其内容之间的距离
cellspacing	像素或百分比	规定单元格与单元格之间的距离

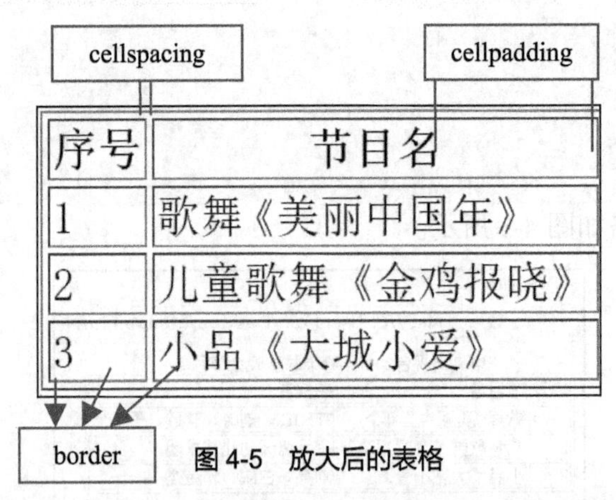

图 4-5 放大后的表格

可以看到，<table>的 border 属性同时设置表格外围边框线和单元格的边框线，cellspacing 用来设置单元格与单元格之间的距离，cellpadding 用来设置单元格的边框线与单元格内容之间的距离。

由于默认单元格之间的距离不为 0，导致设置<border>后表格的外围边框线与单元格之间、单元格与单元格之间存在空白，可以通过设置 cellspacing 为 0 去掉空白：

```
<table border="1" cellspacing="0">
```

去掉空白后的表格如图 4-6 所示。

创建表格

file:///C:/Users/qin/Desktop/html/4-1.html

中央电视台2017年春节联欢晚会节目单

序号	节目名	表演者
1	歌舞《美丽中国年》	TFBOYS、刘涛、蒋欣、王子文
2	儿童歌舞《金鸡报晓》	空军蓝天幼儿艺术团
3	小品《大城小爱》	刘亮、白鸽、郭金杰

图 4-6 将 cellspacing 设置为 0 后的表格

单元格<td>的很多属性如“align”“width”由于 HTML 5 不支持，本文不做介绍，现在主要介绍“colspan”和“rowspan”属性。

colspan 属性用来规定单元格可横跨的列数，rowspan 属性用来规定单元格可横跨的行数，其值是数字，表示横跨的数目。例 4-2 演示怎样让单元格横跨列和行。

例 4-2 4-2.html

```
<!DOCTYPE html>
<html>
<head>
   <meta charset="gb2312">
</head>
<body>
     <h4>单元格跨两行:</h4>
     <table border="1" cellspacing="0">
             <tr>
                  <th>Name</th>
```

```
                    <th colspan="2">Telephone</th>
                </tr>
                <tr>
                    <td>Bill Gates</td>
                    <td>555 77 854</td>
                    <td>555 77 855</td>
                </tr>
        </table>
        <h4>单元格跨两列:</h4>
        <table border="1" cellspacing="0">
                <tr>
                    <th>First Name:</th>
                    <td>Bill Gates</td>
                </tr>
                <tr>
                <th rowspan="2">Telephone:</th>
                    <td>555 77 854</td>
                </tr>
                <tr>
                    <td>555 77 855</td>
                </tr>
        </table>
</body>
</html>
```

例 4-2 在浏览器中的显示效果如图 4-7 所示。

图 4-7　单元格跨行、跨列显示效果

本节介绍的<table>属性和<td>属性均为标签属性，请读者注意。

4.2.4　利用 CSS 属性美化表格

前面介绍了在标签内通过“style”属性设置元素相关的 CSS 属性，这种定义 CSS 属性的样式称为“行内样式表”。行内样式表由于在一个网页内同时包含 HTML 代码和 CSS 代码，使得页面代码量大，工作维护困难，所以在实际网页设计中很少使用，在网页设计中常用的样式定义是内部样式表和外部样式表，本节介绍内部样式表的定义。

内部样式表写在 HTML 的<head></head>里面，在<head>标签中添加<style>标签，设置<style>标签的“type”属性后，就可以在<style>标签中书写 CSS 规则：

```
<!DOCTYPE html>
<html>
<head>
     <meta charset="gb2312">
     <style type="text/css">
            ……
     </style>
</head>
```

在<style>中的 CSS 规则包含 CSS 选择器、属性和值，基本格式为：

```
选择器{
  CSS 属性：值;
  CSS 属性：值;
  ……
}
```

其中 CSS 选择器可以是 HTML 标签，也可以是自己定义的 CSS 类和 ID 选择器。例 4-3 演示在内部样式表中定义 HTML 标签的样式。

例 4-3　4-3.html

```
<!DOCTYPE html>
<html>
<head>
     <meta charset="gb2312">
     <title>内部样式表例 1</title>
     <style type="text/css">
        div
        {
             width:100%;
             font-size:14px;
             height:100px;
             line-height:100px;
             border:1px black solid;
        }
```

定义此网页中所有<div>标签的样式：宽度与父元素宽度相同，<div>的高度和行高都是 100 px，因此，div 中的内容在 div 中垂直居中，有黑色边框线。

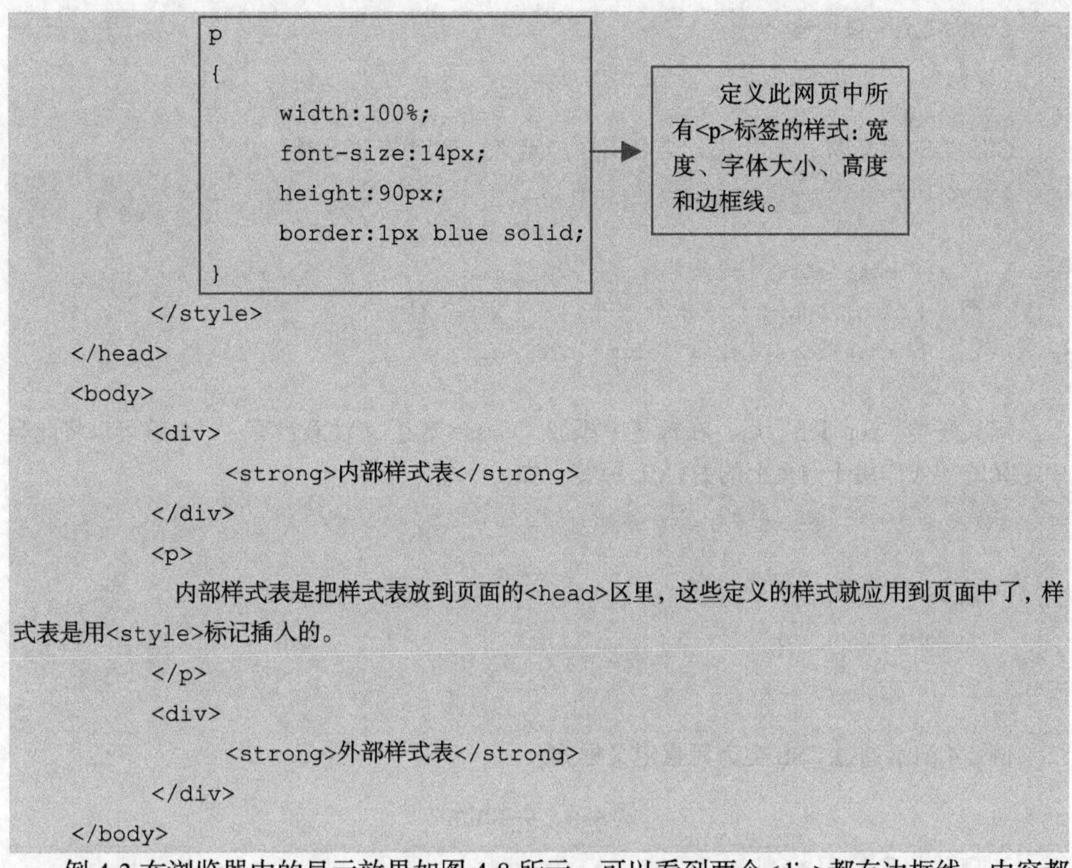

```
		p
		{
			width:100%;
			font-size:14px;
			height:90px;
			border:1px blue solid;
		}
	</style>
</head>
<body>
	<div>
		<strong>内部样式表</strong>
	</div>
	<p>
	  内部样式表是把样式表放到页面的<head>区里，这些定义的样式就应用到页面中了，样式表是用<style>标记插入的。
	</p>
	<div>
		<strong>外部样式表</strong>
	</div>
</body>
```

定义此网页中所有<p>标签的样式：宽度、字体大小、高度和边框线。

例 4-3 在浏览器中的显示效果如图 4-8 所示，可以看到两个<div>都有边框线，内容都是垂直居中，说明内部样式表定义的 div 样式应用于该网页中的所有<div>标签。

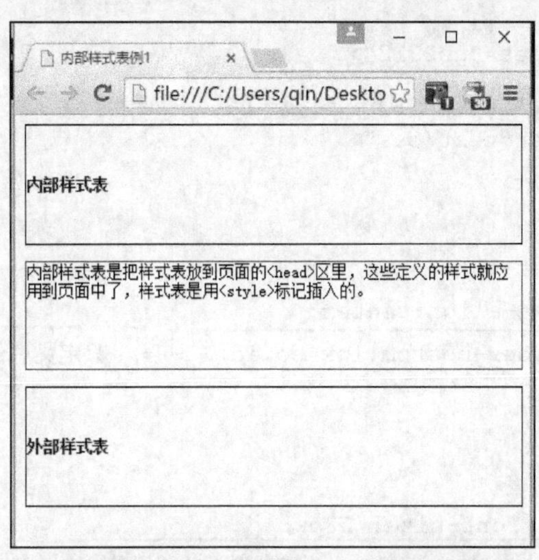

图 4-8　例 4-3 在浏览器中的显示效果

CSS 选择器还可以是自定义的 CSS 类，CSS 类定义格式为：

```
.类名{
  CSS 属性：值;
```

```
    css 属性：值；
    ……
}
```

CSS 类的定义以“.”开头，类名由用户定义，如定义 CSS 类：

```
.con_left
{
      float:left;
      width:700px;
      border-right: 1px solid #d2d2da;
}
```

定义好类“con_left”后，在标签中添加“class=类名”(注意没有“.”)就可以将此类中定义的样式作用于网页上的 HTML 标签，如：

```
<div class="con_let">
   ……
</div>
<p class="con_let">
   ……
</p>
```

例 4-4 演示通过 CSS 类为元素定义样式。

例 4-4　4-4.html

```
<!DOCTYPE html>
<html>
<head>
      <meta charset="gb2312">
      <title>内部样式表例 2</title>
      <style type="text/css">
          .content
          {
              font-size:12px;
              text-align:center;
              border-bottom:1px solid;        → 只定义底部边框线
          }
          .title
          {
                  font-size: 28px;
                  font-family: "微软雅黑","黑体";   → 定义字体名称
                  line-height: 36px;
          }
          .detail
           {
```

```
                height: 25px;
                color: #a5a5b2;
                line-height: 25px;
            }
        .padd
        {
         padding-right:10px;  ——▶  定义元素里的内容与元素右边框线之间的距离
        }
    </style>
</head>
<body>
    <div class="content">
            <h1 class="title">在网页中插入 CSS 样式表的几种方法</h1>
            <div class="detail">
                <span class="padd">天极网软件频道</span>
                <span class="padd">2011-01-19 08:11</span>
                <span class="padd"><a href="#pl" target="_self">我要吐槽
</a></span>
            </div>
    </div>
</body>
```

在例 4-4 中定义了四个类，两个<div>应用了两个不同的 CSS 类，三个<span>应用了相同的类，例 4-4 在浏览器中的显示效果如图 4-9 所示。

图 4-9　例 4-4 在浏览器中的显示效果

通过例 4-4 可以看到，CSS 代码和 HTML 代码分离了，这样有助于减轻后期维护难度；另外可以体会到 CSS 属性与 HTML 标签无关，也就是可以为不同 HTML 标签定义相同的 CSS 属性，如为<div>和<h1>都定义了“font-size”属性，在书写 CSS 代码时，所有的字符和标点符号都必须使用英文字符和标点符号。

利用 CSS 可以对表格进行样式设置，例 4-5 演示利用表格制作导航菜单。

例 4-5　4-5.html

```
<!DOCTYPE html>
<html>
<head>
```

```
        <meta charset="gb2312">
        <title>直播吧-NBA直播|NBA直播吧|足球直播|英超直播|CCTV5在线直播|CBA直播|
体育直播</title>
        <meta name="keywords" content="直播吧，NBA直播，NBA直播吧，足球直播，英
超直播，CCTV5在线直播，CBA直播，NBA在线直播，NBA视频直播，CBA直播吧" />
        <style type="text/css">

    .nav
          {
            width:280px;
            font-size:12px;
            font-family:"宋体";
            height:25px;
            line-height:25px;
            background-color:#ffffff;
          }
          tr
          {
              height:25px;
          }
          td
          {
              height:25px;
              text-align:center;
              width:70px;
          }

        </style>
    </head>
    <body>
        <table class="nav" >
                <tr>
                    <td><a href="//www.zhibo8.cc/">首页</a></td>
                    <td><a href="//bbs.zhibo8.cc/" target="_blank">论坛</a></td>
                    <td><a  href="//www.zhibo8.cc/nba/"  target="_blank">
NBA视频</a></td>
                    <td><a href="//www.zhibo8.cc/nba/luxiang.htm" target=
"_blank">录像页面</a></td>
                </tr>

        </table>
    </body>
```

类 nav 应用于表格，定义表格的宽度、高度、字体大小、背景色等。

定义网页上每个单元格的高度、宽度、文本对齐。

例 4-5 在浏览器中的显示效果如图 4-10 所示。

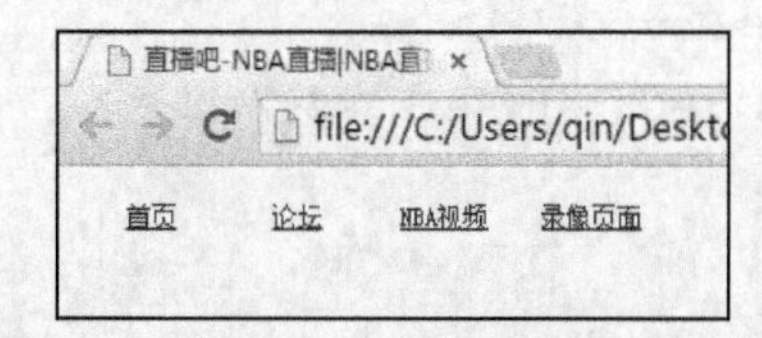

图 4-10 例 4-5 在浏览器中的显示效果

利用 CSS 也可以制作美观的表格，例 4-6 演示制作奇偶行背景颜色不同的表格。

例 4-6 4-6.html

```
<!DOCTYPE html>
<html>
<head>
    <meta charset="gb2312">
    <style type="text/css">
      .main
      {
        width:500px;
        font-family: Futura, Arial, sans-serif;
        border-collapse: collapse;
      }
      th,td
      {
           border: 1px solid #777;
           text-align:center;
      }
      th{
           background-color: #555;
           color:#ffffff;
      }
      .bgcolor
      {
           background-color:#cccccc;
      }
    </style>

</head>
 <body>
   <table class="main">
        <caption>American Film Institute's Top Five Films</caption>
        <tr>
```

应用于表格，border-collapse 设置为 collapse，相当于将表格属性 cellspacing 设置为 0，单元格相邻边框线重合。

应用于偶数行，设置偶数行的背景色。

```
                <th>Position</th>
                <th>Movie</th>
                <th>Year of Release</th>
            </tr>
           <tr >
                <td>1</td>
                <td>Citizen Kane</td>
                <td>1941</td>
           </tr>
           <tr class="bgcolor">
                <td>2 </td>
                <td>The Godfather</td>
                <td>1972</td>
            </tr>
         <tr>
              <td>3</td>
              <td>Casablanca</td>
              <td>1942</td>
            </tr>
         <tr class="bgcolor">
              <td>4</td>
              <td>Raging Bull</td>
              <td>1980</td>
          </tr>
    </table>
  <body>
 </html>
```

例 4-6 在浏览器中的显示效果如图 4-11 所示。

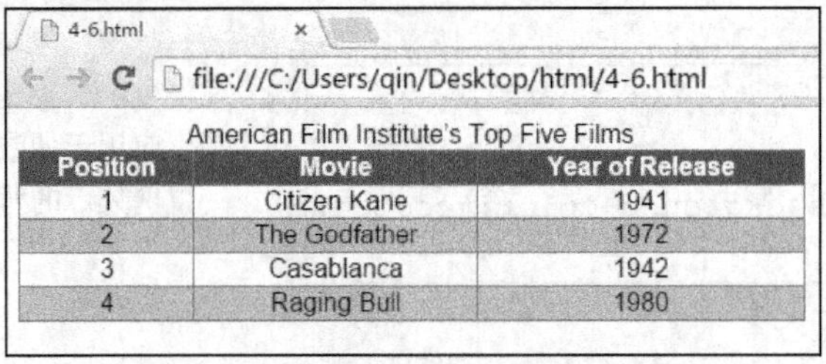

4-6.html ×

file:///C:/Users/qin/Desktop/html/4-6.html

American Film Institute's Top Five Films

Position	Movie	Year of Release
1	Citizen Kane	1941
2	The Godfather	1972
3	Casablanca	1942
4	Raging Bull	1980

图 4-11　例 4-6 在浏览器中的显示效果

如果需要制作如图 4-12 所示的线型表格，只需将 CSS 部分代码改为以下内容。

```
<style type="text/css">
    .main
    {
        width:500px;
```

```
        font-family: Futura, Arial, sans-serif;
        border-collapse: collapse;
    }
    th,td
    {
        border-bottom: 1px solid #aaa;
        border-top: 1px solid #aaa;
        text-align:center;
    }
    .bgcolor
    {
        background-color:#cccccc;
    }
</style>
```

虽然同时设置了顶部和底部两条边框线，但由于 border-collapse 的值为 collapse，单元格相邻边框线重合，显示为一条边框线。

4-7.html

file:///C:/Users/qin/Desktop/html/4-7.html

American Film Institute's Top Five Films

Position	Movie	Year of Release
1	Citizen Kane	1941
2	The Godfather	1972
3	Casablanca	1942
4	Raging Bull	1980

图 4-12　线型表格

本章小结

本章介绍了怎样制作表格，为表格添加标题，合并单元格等，重点介绍表格和单元格属性，然后阐述内部样式表的定义，利用内部样式表美化表格。通过本章的学习，读者应该掌握怎样在网页上插入表格，利用 CSS 制作简单、美观的表格，为制作复杂样式的表格打下良好的基础。

第5章 HTML表单

学习目标

- 掌握表单的创建，为表单添加输入元素。
- 掌握表单与输入元素的常用属性。
- 掌握利用表格、CSS给表单布局。

HTML 表单是一个包含表单元素的区域，用于搜集不同类型的用户输入。表单是网页中提供的一种交互式操作手段，主要用于向服务器传输数据，如常见的登录、注册页面。

5.1 创建表单

<form> 标签用于创建 HTML 表单，常见的创建表单的格式为：

```
<form  action=" "  method=" ">
  ......
</form>
```

属性 action 的值为一个 URL 地址（如 action=" login.jsp"），指定 form 表单向何处发送数据；method 的值为“get”或“post”，用于指定表单以何种方式发送到指定的页面（get ：form 表单里所填的值会附加在 action 指定的 URL 后面，作为 URL 链接而传递。post ：form 表单里所填的值会附加在 HTML Headers 上）。

HTML 表单能够包含 input 元素，比如文本框、密码框、复选框、单选框、提交按钮等。表单中的文本框定义格式为：

```
<input  type="text"  name=" "   id=" "/>
```

name 属性和 id 属性的值相同，作为该文本框控件的名字向服务器传递用户的输入信息，每个输入字段必须设置一个 name 属性。密码框的定义格式为：

```
<input  type="password"  name=" "   id=" "/>
```

提交按钮的定义格式为空：

```
<input  type="submit"   value=" ">
```

提交按钮的“value”属性用于定义按钮上显示的文字，当用户单击提交按钮时，表单内容会被传送到服务器。例 5-1 为模拟用户注册页面。

例 5-1　5-1.html

```
<!DOCTYPE html>
<html>
<head>
```

```
        <meta charset="gb2312">
        <title>QQ注册</title>
        <meta name="keywords" content="账号注册" />
        <meta name="description"  content="注册" />
        <style type="text/css">
            .haomaTitle
            {
              width:604px;
              height:30px;
              line-height:25px;
              font-size:18px;
              border-bottom:1px #ddd solid;
            }
            .tip
            {
              text-align:right;
            }
            .btnSubmit
            {
              text-align:center;
            }

        </style>
    </head>
    <body>
        <div class="haomaTitle" id="hmtitle">
            注册账号
        </div>
        <form  action=""  method="post">
            <table>
                <tr>
                    <td  class="tip">用户名:</td><td>  <input  type="text"
name="uname" /></td>
                </tr>
                <tr>
                    <td class="tip"> 密码:</td><td> <input type="password"
name="pwd"/></td>
                </tr>
                <tr>
```

应用于表单前的div，设置div的宽度、高度、字体大小、底部边框线等。

用表格对齐表单中的元素。

设置右对齐。

```
                        <td colspan="2" class="btnSubmit"><input type="submit"
value="提交"/></td>
                </tr>
            </table>
        </form>
    </body>
    </html>
```

单元格横跨两列，设置单元格内容水平居中。

例 5-1 在浏览器中的显示效果如图 5-1 所示。

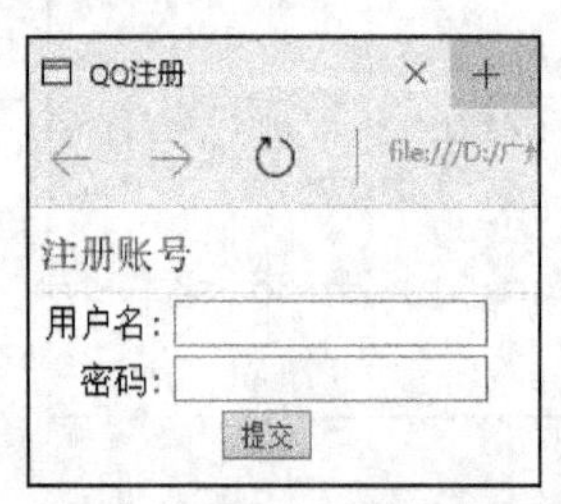

图 5-1　例 5-1 在浏览器中的显示效果

<input>标签还具有属性“maxlength”，规定 <input> 元素中允许的最大字符数，如：

```
<input  type="text"  name="uname"  maxlength="20"  />
```

<input>标签的宽度可以通过 CSS 属性“width”来定义，本文不再做详细介绍。单选按钮（允许用户在有限数量的选项中选择其中之一）的定义格式为：

```
<input  type="radio"  name=""   value=""  >
```

复选按钮（允许用户在有限数量的选项中选择多个）的定义格式为：

```
<input  type="checkbox"  name=""   value=""  >
```

例 5-2 演示定义单选按钮和复选按钮。

例 5-2　5-2.html

```
<!DOCTYPE html>
<html>
<head>
      <meta charset="gb2312">
      <style type="text/css">
        .btnSubmit
         {
           text-align:center;
         }
      </style>
</head>
<body>
      <form  action="action_page.php"  method="post">
      <table>
```

```
        <tr>
            <td>性别:</td>
            <td>
                <input  type="radio"  name="sex"  value="man"/>男
                <input  type="radio"  name="sex"  value="woman" />女
            </td>
         </tr>
            <tr>
            <td >爱好:</td>
                <td>
                    <input  type="checkbox"  name="favorite"  value=
"football"/>足球
                    <input  type="checkbox"  name="favorite"  value=
"basketball" />篮球
                    <input  type="checkbox"  name="favorite"  value=
"Volleyball" />排球
                </td>
            </tr>
            <tr>
            <td colspan="2" class="btnSubmit"><input type="submit" value="
提交"/></td>
            </tr>
        </table>
    </form>
  </body>
</html>
```

单选按钮 name 属性的值必须相同。

例 5-2 在浏览器中的显示效果如图 5-2 所示。单选按钮、复选按钮的“value”属性必须定义，用户提交表单时，网页会将用户所选择项对应的 value 值发送到服务器，如用户选择“男”，则网页将“man”而不是“男”发送到服务器，此外单选按钮的“name”值必须相同，否则可能出现两个单选按钮都可以选中的情况。

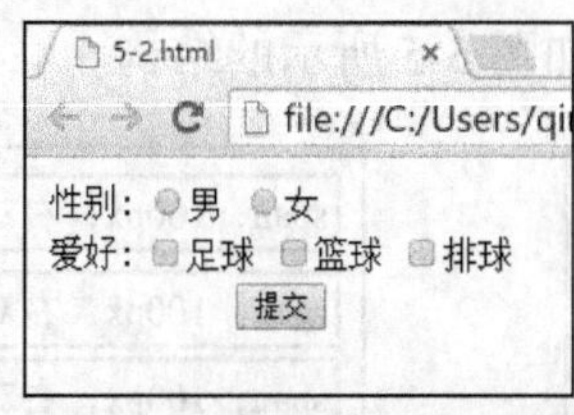

图 5-2　例 5-2 在浏览器中的显示效果

<select>元素定义下拉列表，下面的代码定义了一个下拉菜单，显示效果如图 5-3（a）所示。

```
<select name="cars">
```

```
        <option  value="volvo">Volvo</option>
        <option  value="saab">Saab</option>
        <option  value="fiat">Fiat</option>
        <option  value="audi">Audi</option>
</select>
```

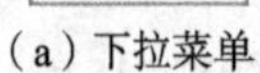
（a）下拉菜单

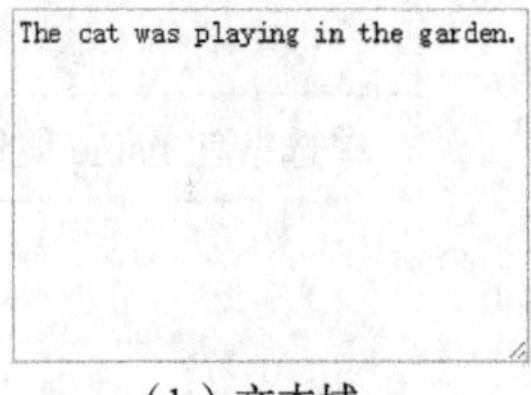

（b）文本域

（c）按钮

图 5-3　下拉菜单与文本域

<option> 标签定义待选择的选项，列表通常会把首个选项显示为被选选项，通过添加 selected 属性可以定义预定义选项：

```
<option  value="fiat"  selected>Fiat</option>
```

则“Fiat”将显示为被选选项。<textarea> 元素定义多行输入字段（文本域），如：

```
<textarea  name="message"  rows="10"  cols="30">
        The cat was playing in the garden.
</textarea>
```

上面代码产生的文本域如图 5-3（b）所示，属性“rows”定义行数，“cols”定义列数。<button> 元素定义可单击的按钮：

```
<button  type="button"  onclick="alert('Hello World!')">Click Me!</button>
```

上面代码产生的按钮如图 5-3（c）所示，用户单击此按钮时，将执行 JavaScript 代码：

```
alert('Hello World!')
```

在网页上弹出一个警告框。

注意：所有的表单元素都需添加在<form>标签中。

5.2 表单实例

制作一个表单，效果如图 5-4 所示。要制作这样一个表单，可以用表格，也可以用 div+span 实现，实现时可以采用如图 5-5 所示的结构。

图 5-4　表单效果

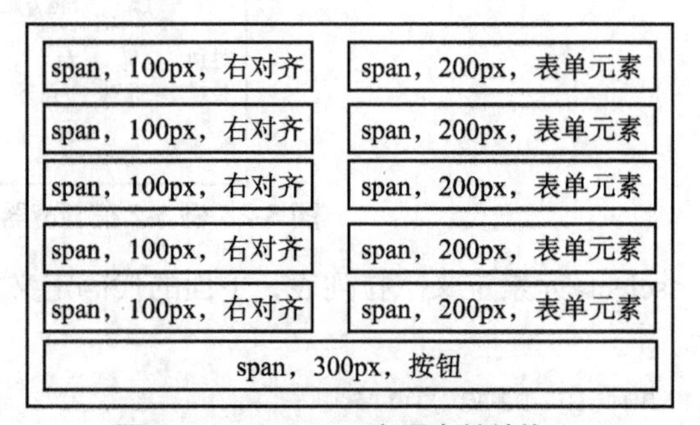

图 5-5　div+span 实现表单结构

如图 5-5 所示，最外面的元素为 div，宽度大约为 500px。在 div 里面，一共 6 行，第 1～5 行每行 2 个 span，左边的 span 设置宽度为 100px（只有块元素才能设置 CSS 属性 width，因此设置 span 的 display 属性为 inline-block），用来放提示文字，如"用户名:""密码:"等，设置右对齐；右边的 span 设置宽度为 200px，放表单元素；第 6 行为一个 span，宽度为 300px，放按钮。按照此结构设置，表单源代码如下：

例 5-3　5-3.html

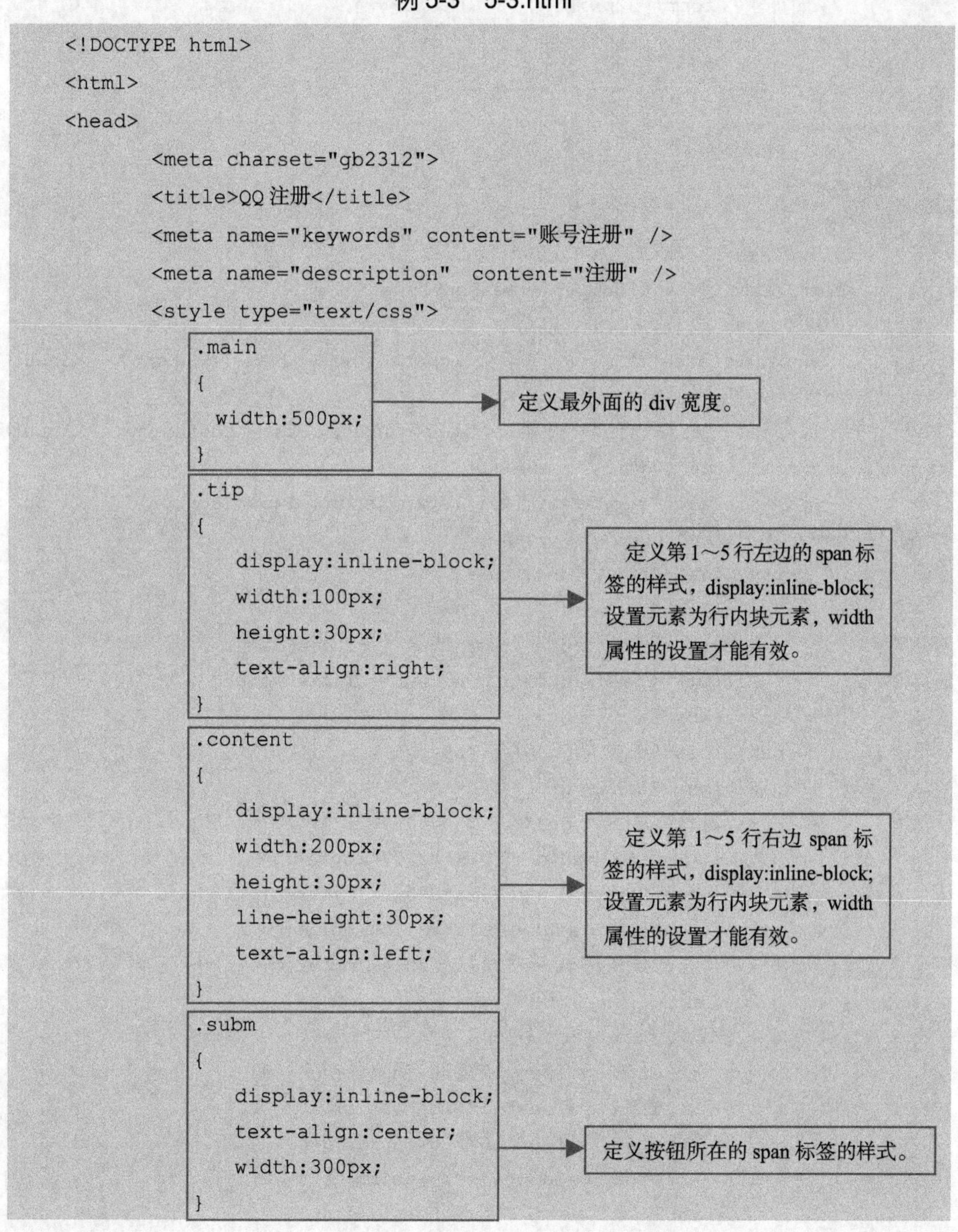

```
<!DOCTYPE html>
<html>
<head>
        <meta charset="gb2312">
        <title>QQ 注册</title>
        <meta name="keywords" content="账号注册" />
        <meta name="description"  content="注册" />
        <style type="text/css">
            .main
            {
              width:500px;
            }
            .tip
            {
                display:inline-block;
                width:100px;
                height:30px;
                text-align:right;
            }
            .content
            {
                display:inline-block;
                width:200px;
                height:30px;
                line-height:30px;
                text-align:left;
            }
            .subm
            {
                display:inline-block;
                text-align:center;
                width:300px;
            }
```

定义最外面的 div 宽度。
定义第 1～5 行左边的 span 标签的样式，display:inline-block; 设置元素为行内块元素，width 属性的设置才能有效。
定义第 1～5 行右边 span 标签的样式，display:inline-block; 设置元素为行内块元素，width 属性的设置才能有效。
定义按钮所在的 span 标签的样式。

```
            .btn_sub
            {
                background: #69b946;
                height: 32px;
                width: 200px;                          定义按钮的样式。
                text-align: center;
                font: 22px;
                color: #fff;
            }
          }
        </style>
    </head>
    <body>
        <div class="haomaTitle" id=" haomaTitle ">
        <form action="action.php" method="post">
        <div class="main">
            <span class="tip">用 户 名 :</span><span class="content"> <input
type="text" name="uname" /></span> <br />
            <span class="tip"> 密 码 :</span><span class="content">  <input
type="password" name="pwd"/></span> <br />
            <span class="tip">确认密码:</span><span class="content"> <input
type="password" name="repwd"/></span> <br />
            <span class="tip">性别:</span>
            <span class="content">
                <input type="radio" name="sex" value="man"/>男
                <input type="radio" name="sex" value="woman"/>女
            </span> <br />
            <span class="tip">生日年月:</span>
            <span class="content">
                <select name="year">
                    <option value="2017">2017</option>
                    <option value="2016">2016</option>
                    <option value="2015">2015</option>
                    <option value="2014">2014</option>
                </select>
                <select name="month">
                    <option value="12">12</option>
                    <option value="11">11</option>
                    <option value="10">10</option>
                    <option value="9">9</option>
                </select>
```

```
            </span> <br />
            <span  class="subm">  <input  type="submit"  value=" 立 即 注 册 "
class="btn_sub"/>
    </span>
        </form>
    </body>
    </html>
```

本章小结

本章介绍了表单与表单元素的创建，读者要特别注意这些元素的属性，如表单的“action”和“method”属性，输入元素的“name”属性等。通过本章的学习，读者可以掌握怎样创建表单，同时使表单元素在网页上整齐排列。

第 6 章 HTML 5

学习目标

- 掌握 HTML 5 结构化标签。
- 掌握 HTML 5 多媒体显示。
- 掌握 HTML 5 多种 input 类型。

HTML 5 是万维网联盟（World Wide Web Consortium，W3C）与网页超文本应用技术工作小组（Web Hypertext Application Technology Working Group，WHATWG）合作的结果。目前 HTML 5 仍在完善。然而，大部分现代浏览器已经具备了某些 HTML 5 的支持。

6.1 HTML 5 结构化标签

<section>标签定义文档中的节（section、区段），比如章节、页眉、页脚或文档中的其他部分：

```
<section>
    <h1>WWF</h1>
    <p>
          The World Wide Fund for Nature (WWF) is an international organization working
         on issues regarding the conservation, research and restoration of the environment,
         formerly named the World Wildlife Fund. WWF was founded in 1961.
     </p>
</section>
```

section 元素用于对网站或应用程序中页面上的内容进行分块，或者对文章进行分段；一个 section 元素通常由内容及其标题组成。<header> 标签定义文档或者文档一部分区域的页眉：

```
<header>
    <h1>Internet Explorer 9</h1>
    <p><time pubdate datetime="2011-03-15"></time></p>
</head>
```

<footer> 标签定义文档或者文档一部分区域的页脚，在典型情况下，该元素会包含文档创作者的姓名、文档的版权信息、使用条款的链接、联系信息等：

```
<footer>
  <p>Posted by: Hege Refsnes</p>
```

```
    <p><time pubdate datetime="2012-03-01"></time></p>
  </footer>
```

<article> 标签定义独立的内容。<article> 标签定义的内容本身必须是有意义的且必须是独立于文档的其余部分。<article> 可以描述论坛帖子、博客文章、新闻故事、评论等：

```
  <article>
          <header>
            <h1>标题</h1>
               <p>发表日期：<time pubdate="pubdate">2010/10/10</time></p>
        </header>
        <p>article 的使用方法</p>
        <footer>
               <p><small>Copyright @ yiiyaa.net All Rights Reserverd</saml1></p>
        </footer>
  </article>
```

article 元素可以嵌套使用，内层的内容在原则上需要与外层的内容相关联。例如，一篇博客文章中，针对该文章的评论就可以使用嵌套 article 元素的方式；用来呈现评论的 article 元素被包含在表示整体内容的 article 元素里面：

```
  <article>
        <header>
             <h1>article 元素使用方法</h1>
             <p>发表日期：<time pubdate="pubdate">2010/10/10</time></p>
        </header>
        <p>此标签里显示的是 article 整个文章的主要内容，下面的 section 元素里是对该文章
的评论</p>
        <section>
             <h2>评论</h2>
             <article>
                    <header>
                         <h3>发表者：maizi</h3>
                         <p><time pubdate datetime="2016-6-14">1 小时前</time></p>
                    </header>
                    <p>这篇文章很不错啊，顶一下！</p>
               </article>
               <article>
                    <header>
                         <h3>发表者：小妮</h3>
                         <p>2016-6-14T:21-26:00"</p>
                    </header>
                   <p>这篇文章很不错啊，对 article 解释得很详细</p>
                </article>
```

```
        </section>
    </article>
```

与 article 相比，section 元素强调分段或分块，section 应用的典型场景有文章的章节、标签对话框中的标签页、或者论文中有编号的部分；而 article 强调独立性，一般来说，article 会有标题部分（通常包含在 header 内），有时也会包含 footer。

6.2 HTML 5 多媒体

Web 上的多媒体指的是音效、音乐、视频和动画。辅助应用程序（helper application）也称为插件，是可由浏览器启动的程序。插件可以通过 <object> 标签或者 <embed> 标签添加在页面中。<object> 标签用于包含对象，比如图像、音频、视频、Java applets、ActiveX、PDF 以及 Flash，并且允许用户规定插入 HTML 文档中的对象的数据和参数，<object>常用属性如表 6-1 所示。

表 6-1　<object>常用属性

值	说明
classid	指明浏览器所用的 ActiveX 控件
codebase	指明 Flash 播放器的 ActiveX 控件的位置，当浏览器未安装它时，可自动到该位置下载
height	定义对象的高度
width	定义对象的宽度

下面的代码使用 Flash 插件在页面上播放动画：

```
    <object  classid="clsid:D27CDB6E-AE6D-11cf-96B8-444553540000"  width="100"
height ="100"  codebase="http://active.macromedia.com/flash4/cabs/ swflash.
cab# version = 4,0,0,0">
        <param  name="MOVIE" value="moviename.swf "/>
        <param  name="PLAY" value="true"/>
        <param  nameE="LOOP" value="true"/>
        <param  name="QUALITY" value="high"/>
    </object>
```

<embed>标签是 HTML 5 中的新标签，用于定义嵌入的内容，比如插件。其属性如表 6-2 所示。

表 6-2　<embed>常用属性

值	说明
src	嵌入内容的 URL
type	定义嵌入内容的类型
height	定义嵌入内容的高度
width	定义嵌入内容的宽度
pluginspage	指明 Flash 播放器插件的位置，在需要时便于安装

下面的代码使用<embed>播放 Flash：

```
<embed src="moviename.swf" width="100" height="100" play="true" loop=
"true" quality="high" pluginspage="http://www.macromedia.com/shockwave/download/
index.cgi? P1_Prod_Version= ShockwaveFlash">
</embed>
```

<object>标签用于 Windows 平台的 IE 浏览器，而<embed>是用于 Windows 和 Macintosh 平台下的 Netscape Navigator 浏览器以及 Macintosh 平台下的 IE 浏览器。为了确保大多数浏览器能正常显示 Flash，需要把<embed>标签嵌套放在<object>标签内：

```
<object classid="clsid:D27CDB6E-AE6D-11cf-96B8-444553540000" codebase=
"http: //
  download.macromedia.com/pub/shockwave/cabs/flash/swflash.cab#version=
6,0,40,0"
  width="550" height="400" id="myMovieName"/>
   <param name="movie" value="myFlashMovie.swf"/>
   <param name="quality" value="high"/>
   <param name="bgcolor" value="#FFFFFF"/>
   <embed        src="http://www.doflash.net/support/flash/ts/documents/
myFlashMovie.swf "
     quality="high" bgcolor="#FFFFFF" WIDTH="550" HEIGHT="400"
     name="myMovieName" type="application/x-shockwave-flash"
     pluginspage="http://www.macromedia.com/go/getflashplayer">
  </embed>
</object>
```

HTML 5 规定了在网页上嵌入音频元素的标准，即使用 <audio> 元素。Internet Explorer 9+，Firefox，Opera，Chrome 和 Safari 都支持 <audio> 元素。下面的代码用于在 HTML 5 中播放音频：

```
<audio controls>
  <source src="horse.ogg" type="audio/ogg">
  <source src="horse.mp3" type="audio/mpeg">
您的浏览器不支持 audio 元素。
</audio>
```

control 属性供添加播放、暂停和音量控件，代码在网页上的显示效果如图 6-1 所示。

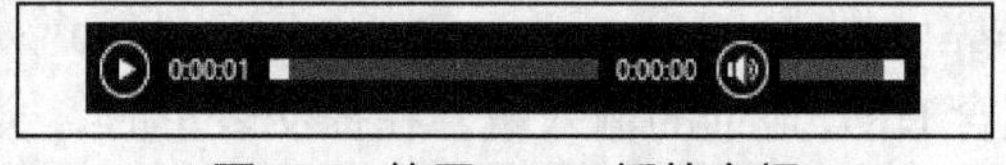

图 6-1　使用 audio 播放音频

<audio> 元素允许使用多个 <source> 元素，<source> 元素可以链接不同的音频文件，浏览器将使用第一个支持的音频文件，<audio>元素支持三种音频格式文件：MP3、Wav 和 Ogg。在<audio> 与 </audio> 之间可以插入浏览器不支持<audio>元素时的提示文本。

HTML 5 规定了一种通过 video 元素来包含视频的标准方法，Internet Explorer 9+，Firefox，Opera，Chrome 和 Safari 支持 <video> 元素。下面的代码用于在 HTML 5 中播放视频：

```
<video width="320" height="240" controls>
  <source src="movie.mp4" type="video/mp4">
  <source src="movie.ogg" type="video/ogg">
您的浏览器不支持 video 标签。
</video>
```

代码在网页上的显示效果如图 6-2 所示。

图 6-2　使用 video 播放音频

<video> 元素支持多个 <source> 元素，<source> 元素可以链接不同的视频文件。浏览器将使用第一个可识别的格式。当前，<video> 元素支持三种视频格式：MP4、WebM 和 Ogg。<video> 与 </video> 标签之间插入的内容用于给不支持 video 元素的浏览器作为提示信息。

6.3　HTML 5 表单 input 类型

HTML 5 拥有多个新的表单输入类型。这些新特性提供了更好的输入控制和验证。date 类型允许从一个日期选择器选择一个日期：

```
生日：<input type="date" name="bday">
```

datetime 类型允许选择一个日期（UTC 时间）：

```
生日（日期和时间）：<input type="datetime-local" name="bdaytime">
```

email 类型用于应该包含 e-mail 地址的输入域：

```
E-mail: <input type="email" name="email">
```

month 类型允许选择一个月份：

```
生日（月和年）：<input type="month" name="bdaymonth">
```

range 类型用于应该包含一定范围内数值的输入域，range 类型显示为滑动条：

```
<input type="range" name="points" min="1" max="10">
```

url 类型用于应该包含 URL 地址的输入域，在提交表单时，会自动验证 url 域的值：

```
添加您的主页：<input type="url" name="homepage">
```

本章小结

本章介绍了 HTML 新增的结构化元素，音频与视频显示标签，并介绍了 HTML 5 多种 input 类型。可以看到，HTML 5 在 HTML 4 的基础上对文档结构、多媒体等进行了增强，此外 HTML 5 还具有地理定位、画图等功能，具体将在 JavaScript 相关内容中阐述。

第 7 章　CSS 基础

学习目标

- 掌握内部样式表和外部样式表的定义。
- 掌握 CSS 类和 ID 选择器的定义，掌握后代选择器。
- 掌握伪类的定义，注意定义超链接伪类的顺序。

层叠样式表（Cascading Style Sheets，CSS）是一种用来表现 HTML 或 XML 等文件样式的计算机语言。1996 年 W3C 正式推出了 CSS1；1998 年 W3C 正式推出了 CSS2，CSS2.1 是 W3C 现在推荐使用的版本；CSS3 将 CSS 划分为更小的模块，有些模块还处于“草稿”阶段（不推荐使用），但部分模块进入了“候选推荐”状态（可以使用）。

7.1 HTML 引用 CSS 的方式

在 HTML 中引用 CSS 的方式主要有行内样式表、内部样式表、外部样式表，行内样式通过标签的“style”属性来设置 CSS 属性：

```
<p style="border:1px solid; "> …… </p>
```

内部样式表则是在<style>标签中定义：

```
<head>
    <style type="text/css">
            .tip
              {
                display:inline-block;
                width:100px;
                height:30px;
                text-align:right;
              }
      </style>
</head>
```

行内样式表和内部样式表在本书前面的章节有详细介绍并举例应用。外部样式表是一个独立的样式表文件，扩展名为“CSS”，在样式表文件中只包含 CSS 规则，在 HTML 文件中，通过<link>加载样式表文件，就可以实现将样式表文件中定义的样式应用到 HTML 标签。例 7-1 演示怎样定义外部样式表，并将外部样式表应用到 HTML 文件。用记事本新建一个文本文件，在其中添加如下语句。

例 7-1　7-1.html

```
@charset "utf-8";
 .nav
 {
         font-size:25px;
         background-color:#ddd;
         border:1px solid;
         text-align:center;
}
.content
{
         font-size:16px;
         text-indent:32px;
         line-height:26px;
}
```

将此文件另存为“exam1.css”（注意在“保存类型”中选择“所有文件”），再新建一个HTML 文件“7-1.html”，输入代码：

```
<!DOCTYPE html>
<html>
<head>
        <meta charset="gb2312">
        <title>引用外部样式表示例</title>
        <link  rel="stylesheet"  type="text/css"  href="css/exam1.css" />
</head>
<body>
        <h1 class="nav">第一章　　概述</h1>
        <p class="content">
                CSS 引用外部样式表的优点：一般的浏览器都带有缓存功能，所以用户不用每次
都下载此 CSS 文件，所以外部引用相对于内部引用和行内引用来说是节省资源的。
        CSS 使用内部样式表、行内样式表的优点：可以直观地看到 CSS 代码，可以方便修改并
观察更改后的效果。
        </p>
 </body>
```

本文中 HTML 文件与 CSS 文件的位置关系见图 7-1。

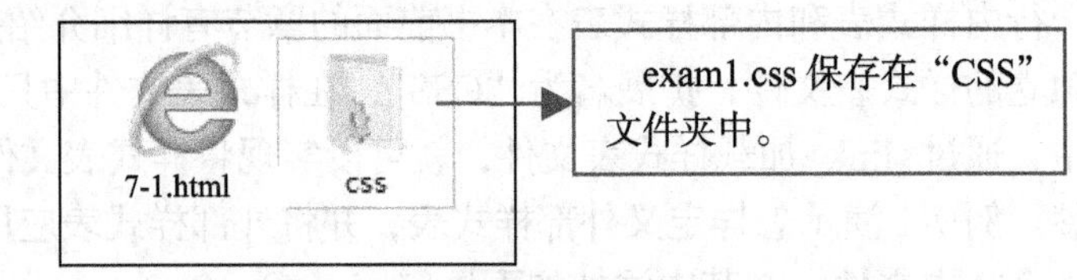
7-1.html
css
exam1.css 保存在“CSS”文件夹中。

图 7-1　HTML 文件与 CSS 位置的关系

在 HTML 文件的<head>标签中添加<link>标签，指定其"href"属性为样式表文件的位置（如果读者的 HTML 文件和 CSS 文件的位置关系与本文不同，"href"属性的设置也不同，具体方法可以参考<img>标签"src"属性的设置），为 HTML 文件加载样式表文件后，HTML 文件在浏览器中的显示效果如图 7-2 所示。

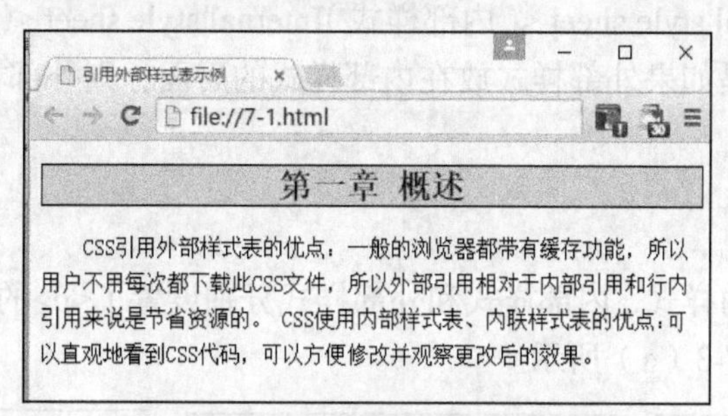

图 7-2　加载样式表后网页浏览效果

与<link>类似，@import 指令也可以用于加载外部样式表，如果@import 指令出现在 HTML 文件中，则需要出现在<style>标签中，放在其他 CSS 规则之前：

```
<style type="text/css">
        @import  url("../layer/layer_face.css");
        @import  url("../layer/layer31.css");
        .articleSearch_tip{ font-size:12px;}
        .articleSearch_blk{ float:right; width:200px; text-align:right;}
        .articleSearch_blk .searchAtc_blk{ padding:0; margin-top:4px;}
</style>
```

由于有多种方式定义元素样式，当定义的样式发生冲突时按照什么方式确定哪个生效呢？当在不同位置为同一元素定义了产生冲突的样式时，样式的优先级：行内样式>内部样式>外部样式，如果外部样式放在内部样式的后面，则外部样式将覆盖内部样式。例 7-2 演示了为 HTML 网页中的<p>定义背景色的样式冲突。

例 7-2　7-2.html

```
<!DOCTYPE html>
<html>
<head>
      <meta  charset="gb2312">
      <title>行内样式、内部样式与外部样式冲突</title>
      <link  rel="stylesheet"  type="text/css"  href="css/exam2.css" />
      <style  type="text/css">
        p
        {
          background-color:green;
        }
      </style>
```

css 文件夹中 exam2.css 内容：

```
p{
    background-color:red;
}
```

```
</head>
<body>
  <p style="background-color:blue">
```

如果外部样式、内部样式和行内样式同时应用于同一个元素，一般情况下，优先级如下：（外部样式）External style sheet <（内部样式）Internal style sheet <（行内样式）Inline style。有个例外的情况，就是如果外部样式放在内部样式的后面，则外部样式将覆盖内部样式。

```
  </p>
</body>
</html>
```

可以看到通过行内样式、内部样式和外部样式分别设置了<p>的背景色，例 7-2 在浏览器中的显示效果如图 7-3（a）所示。

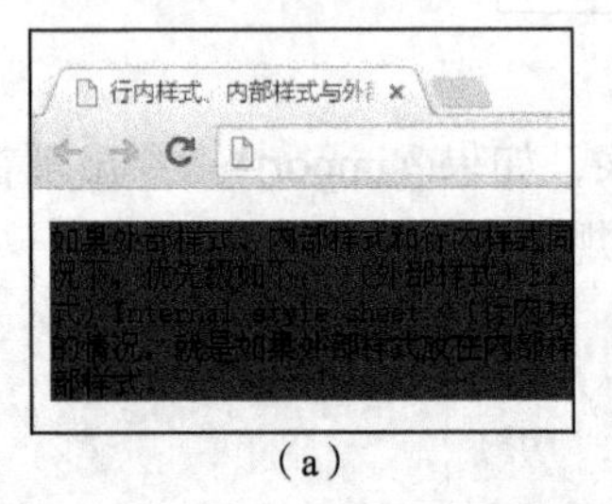

（a）

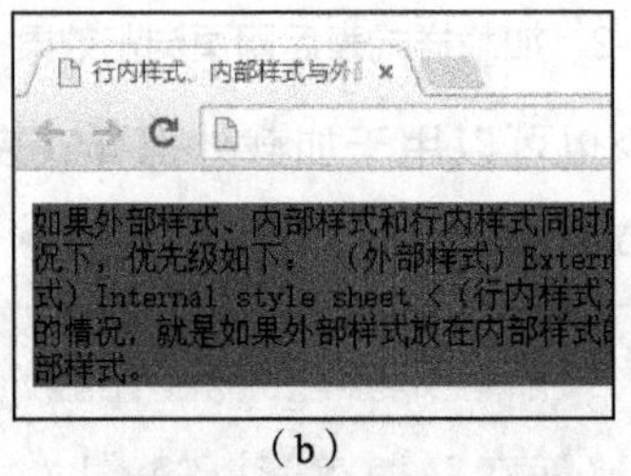

（b）

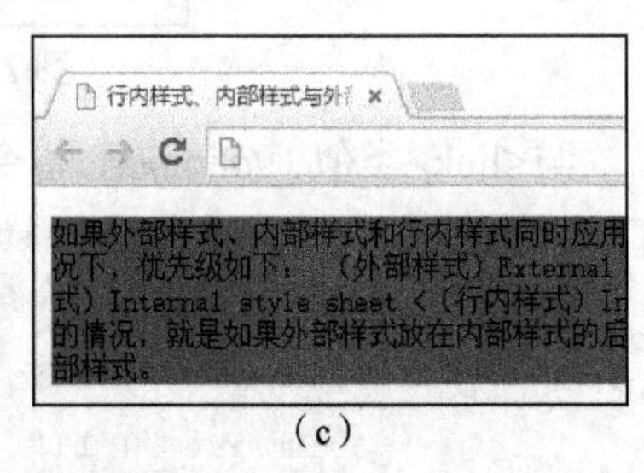

（c）

图 7-3　相互冲突的样式在浏览器中的显示效果

从图 7-3（a）可以看到，行内样式表的优先级最高，所以<p>的背景色为蓝色；如果将<p>标签中的“style="background-color:blue"”删除，只有内部样式表和外部样式表，这时内部样式表优先级高，背景色为绿色，如图 7-3（b）所示；如果将<p>标签中的“style="background-color: blue"”删除后，将<link rel="stylesheet" type="text/css" href="css/exam2.css" />语句放到标签“<style type="text/css">……</style>”后面，则外部样式表起作用，背景色为红色，效果如图 7-3（c）所示。

CSS 支持注释，CSS 注释用/*和*/包围：

```
h1{color:gray;}    /* This CSS comment is several lines long.  */
```

7.2 CSS 选择器

CSS 规则的语法形式为：

```
CSS 选择器{CSS 属性:值; CSS 属性:值;…CSS 属性:值;}
```

CSS 选择器可以是 HTML 标签：

```
div{width:960px;}
p{font-size:16px;text-align:center;}
ul{list-style-type:none;}
```

如果想为多个元素应用同一个样式，可以将应用相同样式的多个选择器用逗号隔开，一起作为 CSS 规则的选择器（这时的选择器成为分组选择器）：

```
h2,p
{
```

```
    color:gray;
  }
```

将 h2 和 p 放在规则的左边，并用逗号隔开，这样就定义了一个规则，其右边的样式（color:gray;）将应用到 h2 和 p 中。CSS2 引用了通配选择器“*”，可以与任何元素匹配，从而使通配选择器中定义的样式可以应用到所有 HTML 标签中，如将网页所有元素的内外边距设置为 0，同时清除所有元素的边框线：

```
  *
  {
     margin:0px;
     padding:0px;
     border:0px;
  }
```

由于*会匹配所有的元素，从而影响网页渲染的时间，在实际的网页设计中将需要统一设置的元素使用分组选择器一次性设置：

```
  a,b, big, body, caption, center,del,, div, em, form, h1, h2, h3, h4, h5,
h6, header, hr, html, i, img, li, p, pre, section, small, span, strike, strong,
sub, sup, table, tbody, td, tfoot, th, thead, tr, ul
  {
     margin:0px;
     padding:0px;
     border:0px;
  }
```

CSS 选择器也可以是 CSS 类：

```
  .warning
  {
    font-size:16px;
    background-color:#ddd;
  }
```

要将此类应用到 HTML 标签，需要指定该标签的“class”属性为 CSS 类名：

```
  <p class="warning"> ……</p>
```

在定义 CSS 类时，可以指定该类作用的 HTML 标签，如定义上面的 CSS 类“.warning”样式只能应用于<p>，在类名前加上 HTML 标签名 p：

```
  p.warning
  {
    font-size:16px;
    background-color:#ddd;
  }
```

若同时将该类应用于<p>和其他元素如<span>：

```
  <p class="warning"> ……</p>
```

```
<span class="warning">……</span>
```

则<p>会应用 warning 类中的样式，而<span> 不会应用 warning 类中的样式。HTML 标签中“class”属性还可以指定多个类的名字，类名之间用空格分隔，这样可以将多个类的样式应用到同一个 HTML 元素。如有类的定义：

```
.urgent{
   border:1px solid;
}
.warning
{
   font-size:16px;
   background-color:#ddd;
}
```

可以将上述定义的两个类都应用于 HTML 元素中，如：

```
<div class="warning urgent">  多类选择器  </div>
```

需要注意的是，在 IE7 之前的版本中，不同平台的 Internet Explorer 都不能正确地处理多类选择器。

ID 选择器的定义以“#”开头，后面跟 ID 选择器名字，名字由用户定义：

```
#first-para{text-indent:32px;}
```

将 ID 选择器应用到 HTML 元素：

```
<p id="first-para">id 选择器可以为标有特定 id 的 HTML 元素指定特定的样式。</p>
```

ID 选择器与类选择器不同的是 id 属性只能在每个 HTML 文档中出现一次，而类选择器可以出现多次。

以标签选择器、类选择器和 ID 选择器为基础，还可以构造出其他选择器。

（1）后代选择器。后代选择器是将多个选择器用空格隔开，选择器后面定义的样式，只对嵌套在前面 HTML 元素中的后面的 HTML 元素生效，下面的代码定义了一个后代选择器：

```
h1 em {color:red;}
```

上面 CSS 代码定义的样式只应用于<h1>中的<em>标签，对没有嵌套在<h1>中的<em>标签不生效，如下面的 HTML 代码：

```
<h1>This is a <em>important</em> heading</h1>
<p>This is a <em>important</em> paragraph.</p>
```

<h1>中的<em>标签中的文字颜色为红色，<p>中的<em>标签中的文字颜色不是红色。下面再给出两个后代选择器的定义，对于不理解的 CSS 属性，可以暂时不理会。

```
.menu  .container {
    height: 65px;
    overflow: visible !important;
}
.menu  .logo {
    width: 148px;
```

```
        height: 50px;
        position: absolute;
        top: 10px;
        left: 0px;
    }
```

后代选择器在网页设计中较常见，例 7-3 以购物网站的商品名为例演示怎样在网页设计中使用后代选择器。

例 7-3 7-3.html

```
<!DOCTYPE html>
<html>
<head>
        <meta  charset="gb2312">
        <title>华为 mate9(MHA-AL00)4GB+64GB 香槟金 华为(HUAWEI)手机</title>
        <style  type="text/css">
         body, button, dd, dl, dt, fieldset, form, h1, h2, h3, h4, h5, h6,
hr, input, legend, li, ol, p, td, textarea, th, ul
         {
             margin: 0;
             padding: 0;
         }
         body
         {
             position:relative;
             background-color:#fff;
             font:12px/1.5 Arial,SimSun;
         }
         a, body {
             color: #666;
         }
         .proinfo-title
         {
             padding: 13px 20px 12px 10px;
             background: #fff;
        }
        .proinfo-title h1
        {
             font-size: 16px;
             line-height:24px;
             font-family:"微软雅黑","Microsoft YaHe";
             color: #222;
```

```
            _margin-left: -3px;
            word-break: break-all;
        }
        .proinfo-title h1 span.zy
        {
         background-color: #f50;
        }
        .proinfo-title h1 span
        {
              float: left;
              min-width: 42px;
              padding: 0 1px;
              height: 20px;
              margin: 2px 5px 0 0;
              _margin-top: 4px;
              font-size: 12px;
              font-weight: 400;
              text-align: center;
              color: #fff;
              line-height: 20px;
              vertical-align: middle;
        }
        .proinfo-title h2
        {
              font-size:14px;
              line-height:18px;
              font-family:"微软雅黑","Microsoft YaHe";
              color: #666;
              margin-top: 3px;
              _margin-left: -3px;
              word-break: break-all;
        }
        </style>
</head>
<body >
<div style="width:500px">
        <div class="proinfo-title">
              <h1 id="itemDisplayName">
                    <span class="zy" id="itemNameZy">自营</span>
                    华为 mate9（MHA-AL00）4GB+64GB 香槟金</h1>
              <h2 id="promotionDesc" style="display: block;">官网价售完即
```

```
止！年度重量级新旗舰，徕卡双摄像头，4000 毫安大电池。  </h2>
                  <a name="item_db_01_pro" class="enter-compare" style=
"display: none;" href="javascript:;">+对比</a>
            </div>
    </div>
    </body>
    </html>
```

例 7-3 在浏览器中的显示效果如图 7-4 所示。

图 7-4 例 7-3 在浏览器中的显示效果

对于本例中没有学习过的 CSS 属性，读者可以自行上网查阅了解其含义，也可以暂时不去理会，主要对照 HTML 和 CSS 理解清楚哪条规则设置了哪个 HTML 元素的样式。

（2）选择子元素。使用子结合符（>）可以选择一个元素的子元素（不是后代元素），如：

```
h1 > strong {color:red;}
```

这个规则将把下面 HTML 代码的第一个<h1>中的<strong>变成红色，但第二个<strong>不受影响：

```
<h1>This is <strong>very</strong>import!</h1>
<h1>This is <em>really<strong>very</strong></em>import!</h1>
```

（3）选择相邻兄弟元素。使用子结合符（+）可以选择紧接在一个元素后的元素，这两个元素有相同的父元素，如：

```
h1 + p{color:red;}
```

这个规则将把紧接在<h1>元素后面的<p>标签设置为红色。例 7-4 演示了怎么选择相邻兄弟元素。

例 7-4 7-4.html

```
<!DOCTYPE html>
<html>
<head>
        <meta  charset="gb2312">
        <title>选择相邻兄弟元素</title>
        <style  type="text/css">
          h1+ p
          {
            background-color:green;
          }
```

```
        </style>
    </head>
    <body >
    <h1>詹姆斯称圈内仅 3 好友：甜瓜、韦德和保罗</h1>
        <p>
            詹姆斯、保罗、韦德、安东尼都是联盟中的顶级巨星，四人场下也有着非常好的关系，很多人都称他们是“风尘四侠”，或者是“香蕉船兄弟”。
        </p>
        <p>
        近日，当媒体问及韦德，是否期待“风尘四侠”联手在一支球队效力时，韦德回应称，“这是你想要看到的事情，他们都是你最好的朋友，谁不想和自己最好的朋友们在一起打球呢？”
        </p>
    </body>
    </html>
```

例 7-4 在浏览器中的显示效果如图 7-5 所示。

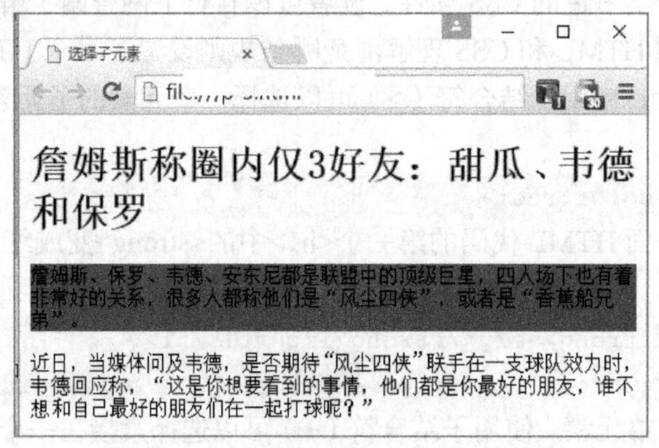

图 7-5　例 7-4 在浏览器中的显示效果

可以看到，在<h1>后面的第一个<p>应用了样式，背景色为绿色，第二个<p>没有应用样式，背景色不是绿色。

7.3 伪类

CSS 伪类是用来添加一些选择器的特殊效果。伪类的语法为：

```
选择器：伪类名 {CSS 属性:值;……CSS 属性:值;}
```

如<a>伪类有：link、visited、hover 和 active，可以分别定义每个伪类的样式：

```
a:link {color:#FF0000;} /* 未访问的链接 */
a:visited {color:#00FF00;} /* 已访问的链接 */
a:hover {color:#FF00FF;} /* 鼠标划过链接 */
a:active {color:#0000FF;} /* 已选中的链接 */
```

这四个伪类定义了超链接未被访问、已被访问、鼠标移动到超链接和激活超链接时超链接的样式（注意：在 CSS 定义中，a:hover 必须被置于 a:link 和 a:visited 之后才是有效的；a:active 必须被置于 a:hover 之后才是有效的）。

伪类可以与 CSS 类配合使用：

```
CSS 代码：a.red:visited {color:#FF0000;}
HTML 代码：< a  class="red"  href="css-syntax.html">CSS Syntax</a>
```

上面的代码定义应用了类“red”的超链接被访问后超链接的颜色为红色。除了这四个伪类，还有很多其他伪类，如“first-child”（选择元素的第一个子元素）“:nth-child(n)”（选择元素的第 n 个子元素）等伪类，本文不做过多介绍。

本章小结

本章介绍了在网页中定义样式的方式：行内样式表、内部样式表和外部样式表，并阐述了不同样式的优先级，重点说明 CSS 选择器的定义，包括标签选择器、类选择器和 ID 选择器等，这些知识构成了编写 CSS 的基础。通过本章的学习，读者可以掌握怎样定义类、定义伪类的样式，为编写复杂样式打下良好的基础。

第8章 CSS 盒子模型

学习目标

- 掌握盒子模型的结构。
- 掌握边框的相关属性设置与简写属性定义。
- 掌握内外边距的定义，用开发者工具查看元素样式。

盒子模型是 html+css 中最核心的基础知识，理解了这个重要的概念才能更好地排版，进行页面布局。在 CSS 看来，所有 HTML 元素都可以看作是盒子，封装周围的 HTML 元素，包括：边距、边框、填充和实际内容。

8.1 CSS 盒子模型概念

图 8-1 描绘了盒子模型的结构，可以看到一个 HTML 元素（如<div>）对应的盒子包括元素的内容（如<div>中包含的文字、图片或其他 HTML 元素等）、内边距（如<div>的边框线与<div>中内容之间的空白区）、边框线和外边距（如围绕在<div>边框外的空白区域）。

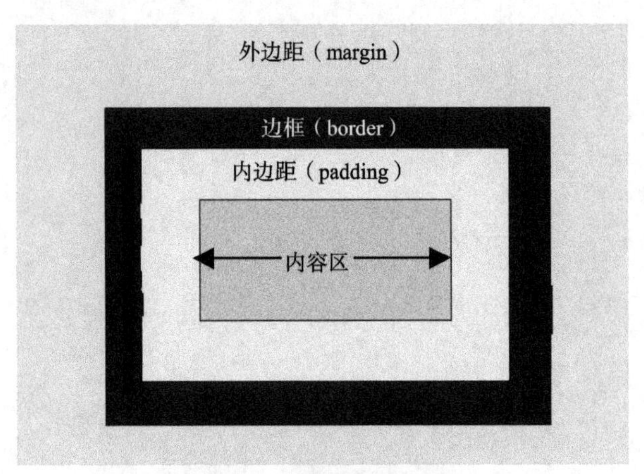

图 8-1 盒子模型示意图

下面对盒子模型的不同部分分别进行详细介绍。

8.2 边框 border

元素边框相关 CSS 属性包括 border-style、border-width 和 border-color。border-style 属性定义元素边框的样式如实线、虚线、点线等，如果没有样式，元素将没有边框。

表 8-1 border-style 属性取值

值	备注
none	默认值，定义无边框
hidden	与“none”相同。不过应用于表时除外，对于表，hidden 用于解决边框冲突
dotted	定义点状边框。在大多数浏览器中呈现为实线
dashed	定义虚线。在大多数浏览器中呈现为实线
solid	定义实线
double	定义双线。双线的宽度等于 border-width 的值
groove	定义 3D 凹槽边框。其效果取决于 border-color 的值
ridge	定义 3D 垄状边框。其效果取决于 border-color 的值
inset	定义 3D inset 边框。其效果取决于 border-color 的值
outset	定义 3D outset 边框。其效果取决于 border-color 的值
inherit	规定应该从父元素继承边框样式

表 8-1 描述了 border-style 可能的取值，下面的代码为 p 定义了实线，为 div 定义点线：

```
p{border-style:solid;}
div{border-style:dotted;}
```

由于边框线有四条，可以分别为不同的边框线设置不同的样式：

```
p{border-style:dotted solid double dashed;}
```

从最上的边框线开始，按照顺时针方向给四条边框线的样式赋值，因此段落的上边框线为点线；右边框线为实线；下边框线为双线；左边框线为虚线。如果有 HTML 代码：

```
<p>所有浏览器都支持 border-style 属性。任何版本的 Internet Explorer （包括 IE8）
都不支持属性值 "inherit" 或 "hidden"。</p>
```

应用上面定义的样式在浏览器中的显示效果如图 8-2 所示。

所有浏览器都支持 border-style 属性。任何的版本的 Internet Explorer （包括 IE8）都不支持属性值 "inherit" 或 "hidden"。

图 8-2 为同一个元素设置不同边框线

也可以使用单边边框样式属性设置某一条边框线的样式，其他边框线的样式不设置，单边边框样式属性有：border-top-style、border-right-style、border-bottom-style、border-left-style。

例 8-1 演示利用单边边框样式属性设置新闻模块标题下的分界线。

例 8-1 8-1.html

```
<!DOCTYPE html>
<html>
<head>
        <meta charset="gb2312">
        <title>定义底部边框线样式</title>
```

```
        <style type="text/css">
            .tit
            {
                border-bottom-style: solid;
                height: 27px;
                line-height: 15px;
                font-size: 16px;
                color: #436993;
            }
            .tit  span
            {
                display: block;
                height: 30px;
                padding-left: 20px;
                font-family: 微软雅黑;
            }

        </style>
    </head>
    <body>
        <div class="tit"><span>世态万象</span></div>
    </body>
    </html>
```

只设置底部边框线样式，其他边框线没有设置，其他边框线的样式为默认值 none。

例 8-1 在浏览器中的显示效果如图 8-3 所示。

图 8-3　例 8-1 在浏览器中的显示效果

border-width 属性为边框指定宽度。如下面的代码定义边框线为实线，边框线宽度为 5px：

```
p {border-style: solid; border-width: 5px;}
```

同样也可以为不同边框线设置不同的宽度：

```
p {border-style: solid;border-width: 15px  5px  15px  5px;}
```

定义上下边框线宽度为 15px，左右边框线宽度为 5px。也可以通过下列属性分别设置边框各边的宽度：border-top-width、border-right-width、border-bottom-width、border-left-width。

border-color 属性定义边框线的颜色，可以为所有边框线定义相同的颜色，也可以为不同边框线定义不同的颜色：

```
p.one
```

```
{
   border-style: solid;
   border-color: #0000ff
}
p.two
{
   border-style: solid;
   border-color: #ff0000  #00ff00  #0000ff  rgb(250,0,255);
}
```

通过 border-style、border-width、border-color 可以分别设置边框的样式、宽度和颜色，为了书写简单，CSS 引入了 border 简写属性，将上述三个属性的值一起赋值给 border：

```
p { border: 5px  solid  red;  }
```

给 border 的赋值顺序为：border-width、border-style、border-color，如果不设置其中的某个值，也不会出问题，比如“ border:solid #ff0000; ”也是允许的，但 border-style 属性必须赋值。和 border 相同，border-left、border-right、border-top、border-bottom 也是简写属性，可以按照给 border 赋值的方法给这些简写属性赋值，如：

```
border-bottom: 3px  solid  #e0e0e0;
```

8.3 内边距 padding

元素的内边距在边框和内容区之间。padding 属性定义元素边框与元素内容之间的空白区域，padding 属性接受长度值或百分比值，但不允许使用负值。

如下面的代码定义所有 h1 元素的各边都有 10px 的内边距：

```
h1 {border: 1px  solid;  padding: 10px; }
```

如果有 HTML 代码：

```
<h1>内边距测试</h1>
```

可以看到在网页上的显示效果如图 8-4 所示。

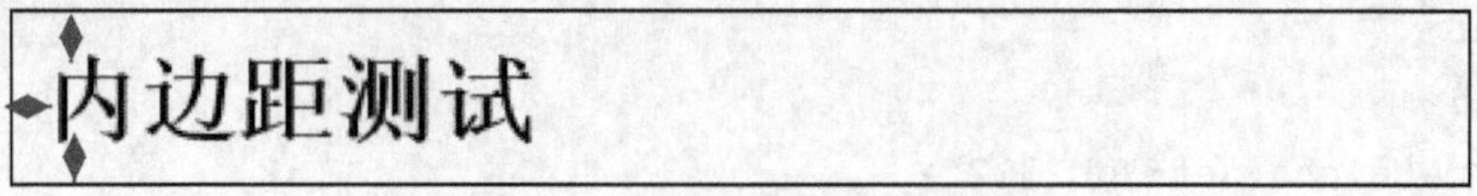

内边距测试

图 8-4　块元素<h1>设置内边距效果

也可以按照上、右、下、左的顺序分别设置各内边距，各内边距均可以使用不同的单位或百分比值：

```
h1 {padding: 10px  0.25em  2ex  20%; }
```

如果为元素的内边距设置百分数值，百分数值是相对于其父元素的 width 计算的，如果父元素的 width 改变，它们也会改变。也可以通过使用下面四个单独的属性，分别设置上、右、下、左内边距：padding-top、padding-right、padding-bottom、padding-left。需要注意的是，对于行内元素，设置上、下内边距有效果，对其他元素无任何影响。设有 CSS 代码：

```
span
```

```
{
    border:1px solid;
    padding-top:20px;
    padding-bottom:20px;
    padding-left:20px;
}
```

对应的 HTML 代码为：

```
<span >设置了内边距的 span 标签</span>
```

和：

```
<span >设置了内边距的 span 标签</span>这是 span 标签后的文字.这是 span 标签后的文字.
这是 span 标签后的文字.这是 span 标签后的文字.这是 span 标签后的文字.这是 span 标签后的文字.
这是 span 标签后的文字.这是 span 标签后的文字.这是 span 标签后的文字.这是 span 标签后的文字.
这是 span 标签后的文字.这是 span 标签后的文字.这是 span 标签后的文字.这是 span 标签后的文字.
这是 span 标签后的文字.这是 span 标签后的文字.这是 span 标签后的文字.这是 span 标签后的文字.
```

则两个<span>在浏览器中的显示效果如图 8-5（a）和图 8-5（b）所示。

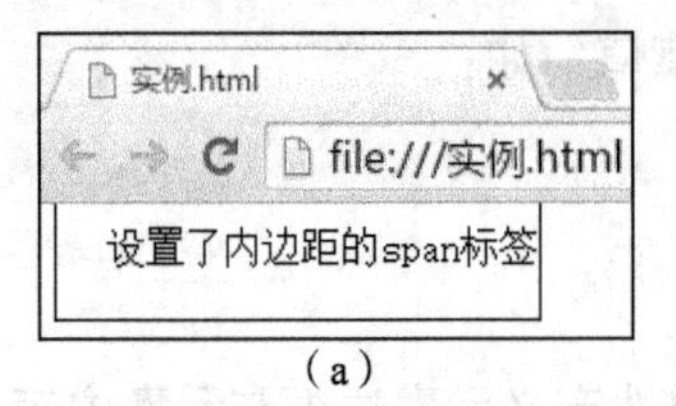

（a）

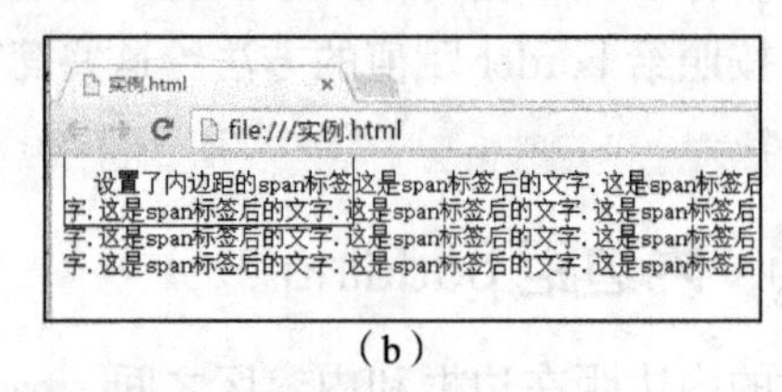

（b）

图 8-5　行内元素<span>设置垂直内边距效果图

从图 8-5（a）可以看到，行内元素<span>的垂直内边距确定有效果，但对其他元素如<span>标签后的文字，没有任何影响，好像内边距不存在，占据了<span>标签内边距的部分。例 8-2 演示在网页中应用内边距排版网页文本。

例 8-2　8-2.html

```
<!DOCTYPE html>
<html>
<head>
    <meta charset="gb2312">
    <title>定义内边距</title>
    <style type="text/css">
        body, button, dd, dl, dt, fieldset, form, h1, h2, h3, h4, h5, h6,
hr, input, legend, li, ol, p, td,
textarea, th, ul
        {
          border:0;
          margin: 0;
          padding: 0;
        }
```

```
        .a_Info
        {
            background: #FFF;
            color: #666;
            font-family: "微软雅黑","宋体";
            font-size: 16px;
        }
        .a_Info  span
        {
            padding-right: 15px;
            line-height: 26px;
        }
        </style>
    </head>
    <body>
        <div class="a_Info">
            <span ><a  title="更多 NBA 相关内容列表" accesskey="5" href=
"http://sports.qq.com/nba/" target="_blank">NBA</a></span>
            <span ><a href="http://sports.qq.com/espn/" target="_blank">ESPN
</a></span>
            <span>2017-02-16 10:40</span>
        </div>
    </body>
    </html>
```

例 8-2 在浏览器中的显示效果如图 8-6 所示。

图 8-6 例 8-2 在浏览器中的显示效果

从图 8-6 中可以看到，“NBA”“EPSN”“2017-02-16 10:40”有空白，这个空白就是通过设置<span>标签的右内边距实现。

8.4 外边距 margin

设置外边距最简单的方法就是使用 margin 属性，margin 属性接受任何长度单位，可以是像素、英寸、毫米或 em。margin 可以设置为 auto，常见的做法是为外边距设置长度值。下面的代码演示为标签定义外边距：

```
p {margin: 1px;}
h1{margin : 10px  0px  15px  5px;}
p {margin: auto  auto  auto  20px;}
```

可以使用下列任何一个属性来设置相应的外边距，而不会直接影响所有其他外边距：margin-top、margin-right、margin-bottom、margin-left，例 8-3 演示定义外边距。

例 8-3　8-3.html

```
<!DOCTYPE html>
<html>
<head>
    <meta charset="gb2312">
    <title>定义外边距</title>
    <style type="text/css">
    body, button, dd, dl, dt, fieldset, form, h1, h2, h3, h4, h5, h6, hr,
input, legend, li, ol, p, td, textarea, th, ul
    {
        border:0;
        margin: 0;
        padding: 0;
     }
    body
    {
        margin: 0 auto;        上下外边距为 0，左右外边距为自动。
        background: #FFF;
        color: #666;
        font-family: "微软雅黑","宋体";
        font-size: 16px;
     }
    p.leftmargin
    {
        margin-left: 2cm;      分别设置左外边距和上外边距。
        margin-top:10px;
    }
    p
    {
        border:1px solid;
    }
    </style>
</head>
<body>
    <p>这个段落没有指定外边距。</p>
     <p class="leftmargin">这个段落带有指定的左外边距。</p>
</body>
</html>
```

例 8-3 在浏览器中的显示效果如图 8-7 所示。

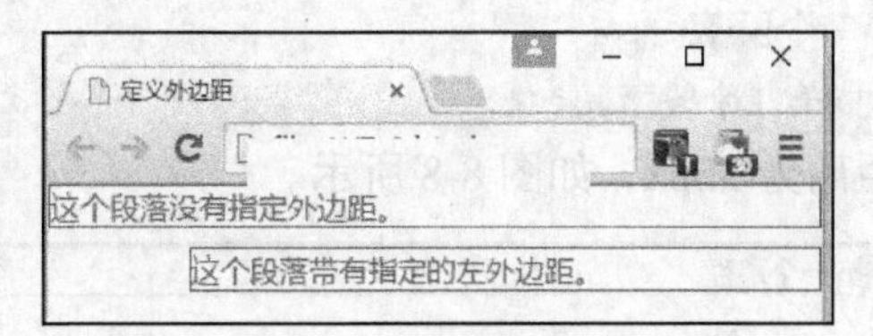

图 8-7　例 8-3 在浏览器中的显示效果

外边距可以用来设置元素在父元素中水平居中，设置元素的宽度，同时将元素的左右外边距设置为自动后，该元素在父元素的位置为水平居中（注意需要声明文档类型!doctype）。如设置一个<div>位于页面的水平中间位置的 CSS 代码：

```
.nav
{
  width:960px;
  margin:0px auto;
  border:1px solid;
}
```

HTML 相关代码：

```
<div class="nav"> Netscape 和 IE 对 body 标签定义的默认边距（margin）值是 8px。而 Opera 不是这样。相反，Opera 将内部填充（padding）的默认值定义为 8px，因此如果希望对整个网站的边缘部分进行调整，并将之正确显示于 Opera 中，那么必须对 body 的 padding 进行自定义。</div>
```

上述定义的<div>将在父元素中水平居中。外边距 margin 在网页设计中有许多需要注意的地方：

（1）margin 用于设置块级元素外边距时，显示正常；但 margin 设置行内元素外边距时，margin-top 和 margin-bottom 对内联元素（对行）的高度没有影响（即设置看起来不生效），margin-left、margin-right 对内联元素有影响（显示正常）。

（2）垂直相邻外边距会合并。当两个垂直外边距相遇时，它们将形成一个外边距，合并后的外边距的高度等于两个发生合并的外边距的高度中的较大者。设有 CSS 代码：

```
p
{
   border:1px solid;
}
p.top
{
   margin-bottom:30px;
}
p.bottom
{
   margin-top:10px;
}
```

HTML 相关代码：

```
<p class="top">第一个段落</p>
<p class="bottom">第二个段落。</p>
```

则两个段落之间的距离为 30px，如图 8-8 所示。

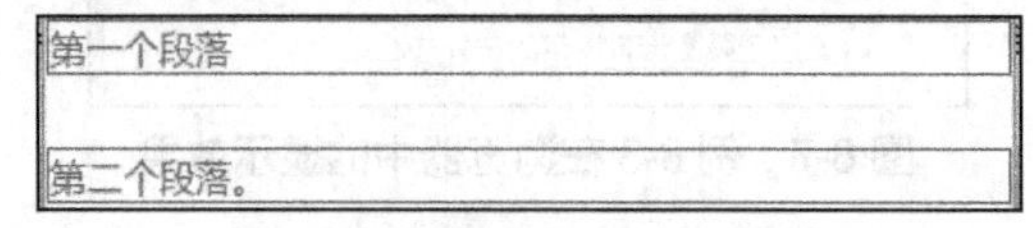

图 8-8　垂直相邻外边距合并

如果希望相邻两个块元素之间的垂直距离为两个元素之间空白的和，可以为元素添加边框线或采用内边距设置元素之间的空白，如上述 CSS 代码中，将外边距的设置修改为内边距的设置，则两个段落之间的距离为 10px+30px=40px。

（3）当一个元素包含在另一个元素中时（假设没有内边距或边框把外边距分隔开），它们的上、下外边距也会发生合并，合并情况如图 8-9 所示。

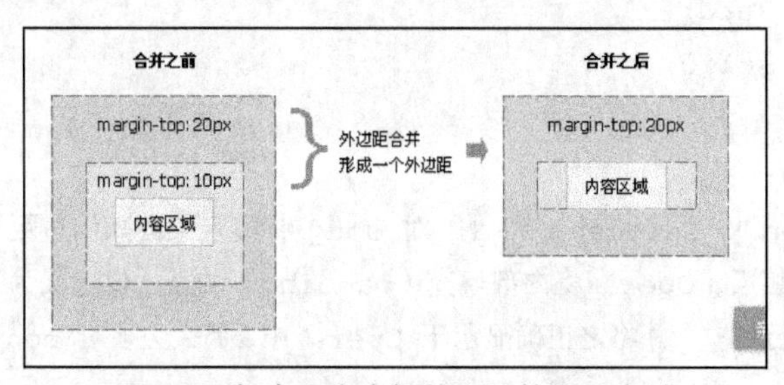

图 8-9　包含元素之间的上下外边距合并

例 8-4 将综合运用内、外边距进行页面元素的布局。

例 8-4　8-4.html

```
<!DOCTYPE html>
<html>
<head>
    <meta charset="gb2312">
    <title>利用内外内边距布局</title>
    <style type="text/css">
    body, button, dd, dl, dt, fieldset, form, h1, h2, h3, h4, h5, h6, hr,
input, legend, li, ol, p, td, textarea, th, ul
    {
        border:0;
        margin: 0;
        padding: 0;
    }
    body
    {
```

```
        background: #FFF;
        color: #666;
        font-family: "微软雅黑","宋体";
        font-size: 12px;
        line-height: 14px;
    }
    .content-wrapper
    {
        margin: 0px  auto;
        width: 830px;
    }
    .news-info
    {
        border-bottom: 2px  solid;
        padding: 15px  0;
    }
    .news-info  h1
    {
        font-size: 22px;
        font-weight: bold;
        line-height: 38px;
        color: #000;
    }
    #container  .text
    {
        margin: 0  auto  24px  0;
        font: 14px/26px  "宋体";
        width: 750px;
    }
    .text  p
    {
        padding: 26px  0  0;
        color: #000;
    }
    </style>
</head>
<body>
    <div class="content-wrapper">
        <div class="news-info clear">
            <div>
```

margin: 0px auto; → 设置此元素在父元素中水平居中。

padding: 15px 0; → 内边距只设置两个值，上内边距为15px，右内边距为0px，根据对称元素，下内边距与上内边距相同为15px，左内边距与右内边距相同。

font: 14px/26px "宋体"; → font-size:14px; line-height:26px;

padding: 26px 0 0; → 内边距只设置三个值，上内边距为26px，右、下内边距为0px，根据对称元素，左内边距与右内边距相同为0。

```
                <h1>媒体暗访广西穿山甲交易现场 两只卖上万元</h1>
            </div>
        </div>
        <div class="text clear" id="contentText">
            <p>近期由于香港“穿山甲公子”获内地政府官员邀请吃穿山甲一事，使社会上兴
起了一股对保护穿山甲和反对非法买卖保护动物的大讨论。</p>
            <p>由于是稀有野生动物，同时许多人迷信其甲片可以治病，再加上民间偏方给
出了穿山甲能“壮阳”的奇效，让这种动物成了许多人趋之若鹜的商品。</p>
        </div>
    </div>
</body>
</html>
```

例 8-4 在浏览器中的显示效果如图 8-10 所示。

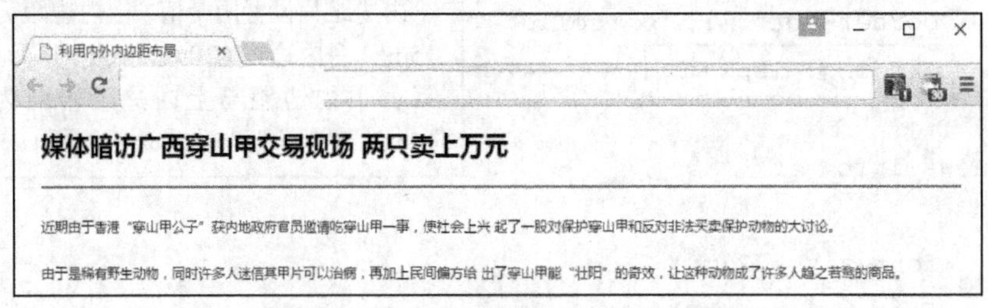

图 8-10　例 8-4 在浏览器中的显示效果

8.5 元素宽度与高度设置

width 属性设置元素（内容区）的宽度，height 属性设置元素（内容区）的高度。如下列代码定义段落的宽度和高度均为 100px。

```
p
{
  height:100px;
  width:100px;
}
```

需要注意的是，对行内元素设置宽度和高度不起作用，如有 CSS 代码：

```
span{border:1px  solid; width:300px;}
div{border:1px  solid; width:300px; margin-top:20px;}
```

如有 HTML 代码：

```
<span>设置了宽度的 span.</span>
<div>设置了宽度的 div.</div>
```

则<span>和<div>在网页上的显示效果如图 8-11 所示。

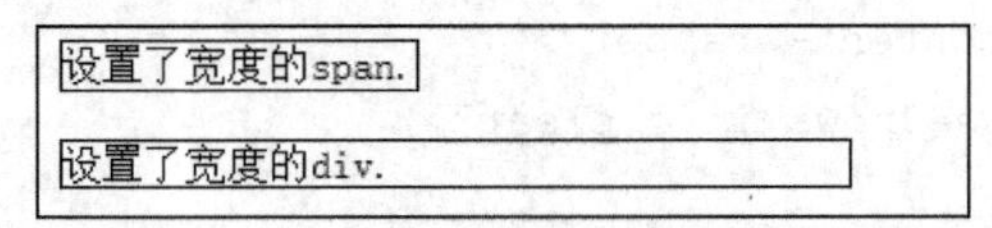

图 8-11　设置了宽度的<span>和<div>

可以看到，设置宽度都为 300px，行内元素<span>的宽度与块元素<div>不同，<div>的内容区宽度为 300px，而<span>的宽度设置没有生效，其宽度由内容的实际宽度决定。行内元素的 height 同样不生效，具体不再详细说明。例 8-5 演示 HTML 元素在网页上占据的实际宽度。

例 8-5 8-5.html

```
<!DOCTYPE html>
<html>
<head>
    <meta charset="gb2312">
    <title>元素宽度与高度定义</title>
    <style type="text/css">
    body, button, dd, dl, dt, fieldset, form, h1, h2, h3, h4, h5, h6, hr,
input, legend, li, ol, p, td, textarea, th, ul
    {
        border:0;
        margin: 0;
        padding: 0;
    }
    body
    {
        margin: 0 auto;
        background: #FFF;
        color: #666;
        font-family: "微软雅黑","宋体";
        font-size: 16px;
    }
    p
    {
        border:1px solid;
    }
    p.top
    {
        width:100px;
        margin-bottom:30px;
    }
    p.bottom
    {
        width:100px;
        padding:0px 50px;
    }
    </style>
```

```
</head>
<body>
    <p class="top">第一个段落</p>
    <p class="bottom">第二个段落。</p>
</body>
</html>
```

例 8-5 在浏览器中的显示效果如图 8-12 所示。

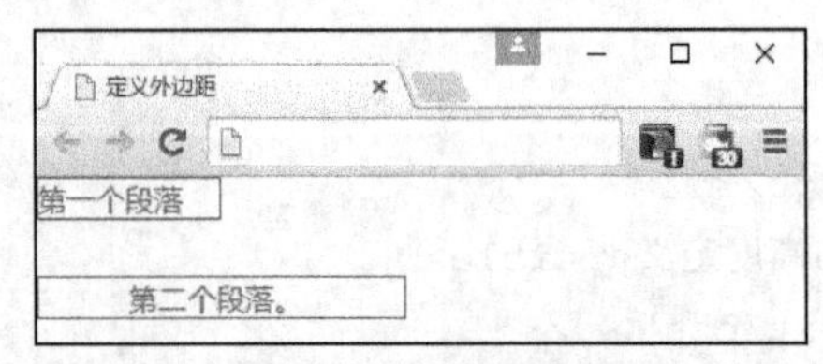

图 8-12　例 8-5 在浏览器中的显示效果

可以看到，虽然两个段落的宽度定义相同，但由于第一个段落没有内边距，第二个段落设置了内边距，导致两个段落在页面上占据的水平宽度不相同。第二个段落在页面上占据的宽度为 100px(width)+50px(margin) × 2+1px(border) × 2=202px。

8.6　利用开发者工具查看元素盒子模型

现在非常多的浏览器如 Chrome、FireFox 和 Windows Edge 都提供开发者工具帮助开发者查看元素样式，调试 JavaScript 代码以及查看元素布局（盒子模型）。本文以 Chrome 为例介绍开发者工具的具体使用方法。

安装好谷歌浏览器，就可以使用 Google Chrome 开发者工具了，有两种方式打开开发者工具：第一，“按 F12”键；第二，在网页任何位置单击鼠标右键，选择“审查元素”，打开开发者工具后，浏览器如图 8-13 所示。

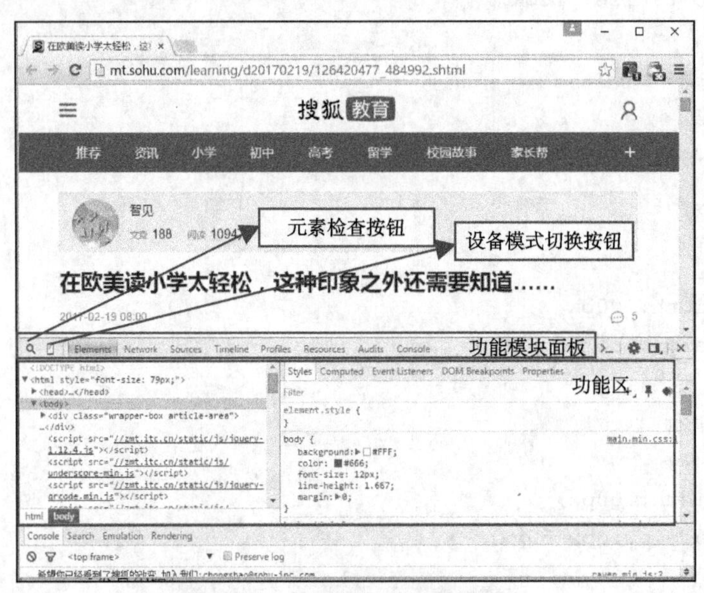

图 8-13　打开开发者工具示意图

开发者工具整体分为两块，上面为功能模块面板，可以在其中选择需要的功能，如“Elements”“Network”“Sources”等，在功能模块面板中有两个按钮需要注意，一个是“元素检查按钮”，另一个是“设备模式切换按钮”。下面为功能区，用户在功能模块面板中选择的功能不同，功能区结构和内容也不同。下面以查看元素样式为例介绍怎样使用开发者工具。单击功能模块面板中的“元素”，下面的功能区分为两列，左边显示的是网页的文档（源代码）结构，右边显示被用户选择的网页元素的样式。

如果需要查看网页某个元素的样式，有两种方法：

（1）先单击“元素检查按钮”，移动鼠标到网页元素上（如“在欧美读小学太轻松，这种印象之外还需要知道……”）单击，在功能区右边就会显示别选择元素的样式。在鼠标移动过程中，鼠标所在位置的元素背景色变深，方便用户知道将要选择的元素为哪一个元素；

（2）在功能区左侧的文档结构中，找到要查看的元素（如“<h1> 在欧美读小学太轻松，这种印象之外还需要知道……</h1>”），在元素代码上单击，在功能区右边就会显示别选择元素的样式，如图 8-14 所示。

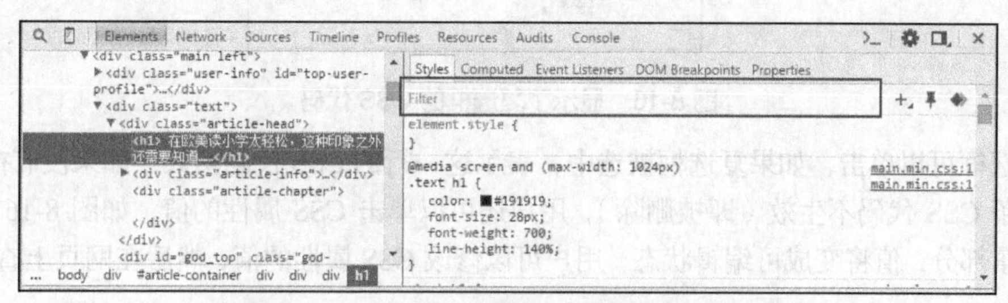

图 8-14　通过功能区左侧的文件结构选择元素

选择元素后，在功能区右侧就可以查看元素的样式，同样有一些功能选择按钮，如“Styles”“Computed”等。默认情况下显示的是元素的样式（如果显示的是其他如盒子模型，可以单击“Styles”切换到样式显示）。为了查看方便，将样式显示区放大，如图 8-15 所示。

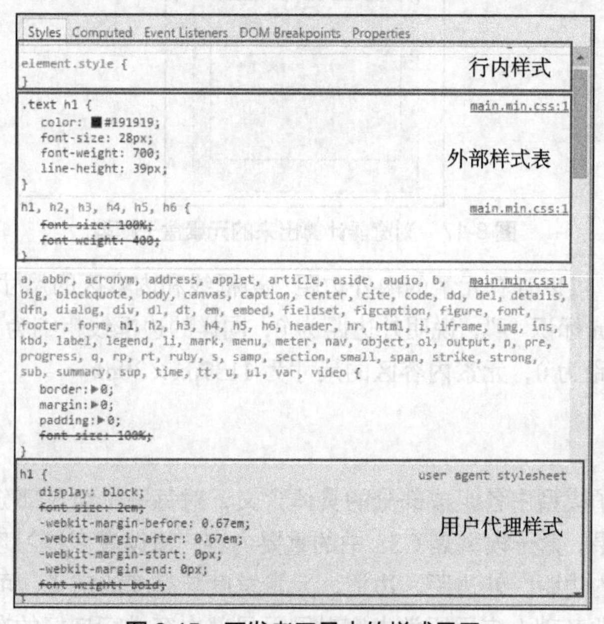

图 8-15　开发者工具中的样式显示

开发者工具可以显示行内样式表、内部样式表和外部样式表为网页元素设置的样式。在图 8-15 中，“element.style”中显示的为行内样式，在本图中为空，说明用户没有设置行内样式；在右边显示某个 CSS 文件 XX 行（如“main.min.css:1”），说明这是外部样式表为元素设置的样式；如果在右边显示的是当前网页文件名 XX 行（如“index.html:13”，图 8-15 中没有此样式），说明这是内部样式表；显示“user agent stylesheet ”，说明这是用户代理设置，即浏览器的默认设置。

在图 8-15 中，还可以看到加了删除线的 CSS 属性设置，如“font-size:100%;”，说明 CSS 属性设置失效，可能是用户书写错误，浏览器不识别；也可能是由于优先级低而没有生效。在将鼠标移动到 CSS 属性设置代码上，可以看到代码前面显示复选框，如图 8-16 所示。

```
.tit {
  border-bottom: 3px solid #e0e0e0;
  height: 27px;
  line-height: 15px;
  font-size: 16px;
  color: #436993;
  margin-bottom: 24px;
}
```

图 8-16 显示了复选框的 CSS 代码

复选框可以单击，如果复选框被选中，表示这一行的 CSS 代码生效；如果没有被选中，表示这条 CSS 代码不生效（即被删除）。用户还可以单击 CSS 属性的值，如图 8-16 所示中蓝色背景部分，值将变成可编辑状态，用户可以修改 CSS 属性的值，然后在网页上查看显示效果。

如果单击“Computed”功能按钮，则会显示浏览器计算出来的被选中元素的盒子模型，如图 8-17 所示。

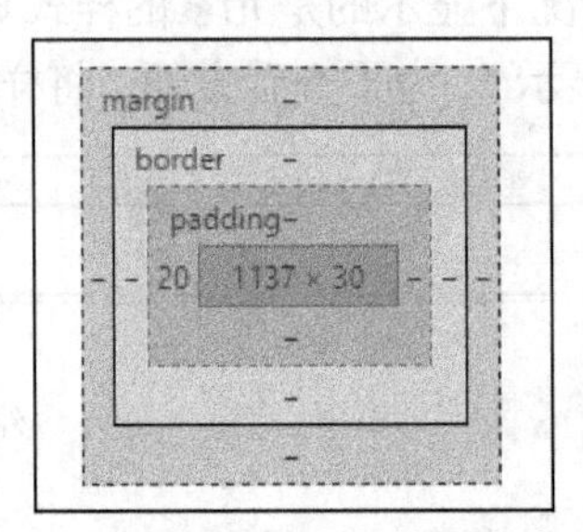

图 8-17 浏览器计算出来的元素盒子模型

在这个模型中，可以查看元素的内外边距、边框线和内容区的尺寸，在如图 8-17 所示中，可以看到 margin 标识“-”，说明外边距为 0，同样的边框线粗细为 0，内边居中，内边距为 20，其他内边距为 0，元素内容区的尺寸为 1137px × 30px。

本章小结

本章介绍了盒子模型中各组成部分的具体含义，对每一个组成部分通过实例来介绍其在页面上的显示效果。盒子模型是 CSS 中的重要内容，请读者多练习理解。通过本章的学习，读者可以掌握内边距、外边距、边框、元素宽度与高度的定义，可以通过开发者工具查看元素样式，在此基础上应用所学内容对网页局部内容进行良好的布局。

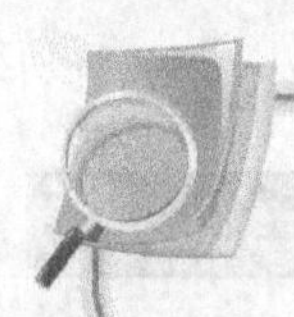

第9章 CSS 字体与文本

学习目标

- 掌握 CSS 字体相关属性设置并能应用。
- 掌握 CSS 文本相关属性设置并能应用。
- 掌握 CSS 背景相关属性设置并能应用。

9.1 CSS 字体

CSS 字体属性定义字体、加粗、大小、文字样式。

font-family 属性设置文本的字体系列，如果字体系列的名称超过一个字，它必须用引号，如：

```
font-family:"宋体";
```

font-family 属性应该设置几个字体名称作为一种"后备"机制，如果浏览器不支持第一种字体，将尝试下一种字体：

```
p{font-family: "Times New Roman", Times, serif;}
```

font-style 属性最常用于规定斜体文本，该属性有三个值：normal（默认，文本正常显示）；italic（文本斜体显示）；oblique -（文本倾斜显示）。实例：

```
p.normal {font-style:normal;}
p.italic {font-style:italic;}
p.oblique {font-style:oblique;}
```

通常情况下，italic 和 oblique 文本在 Web 浏览器中看上去完全一样。

font-weight 属性设置文本的粗细，其取值如表 9-1 所示。实例：

```
p.normal {font-weight: normal}
p.thick {font-weight: bold}
p.thicker {font-weight: 900}
```

font-size 属性设置文本的大小。font-size 值可以是绝对长度单位或相对长度单位。绝对长度单位有：

pt：点（Point）；

pc：派卡（Pica），相当于我国新四号铅字的尺寸；

in：英寸（Inch）；

mm：毫米（Millimeter）；

cm：厘米（Centimeter）。

其中：1 in（英寸） = 2.54cm = 25.4 mm = 72pt = 6pc。

表 9-1　font-weight 属性取值

值	备注
none	默认值，定义标准的字符
bold	定义粗体字符
bolder	定义更粗的字符
lighter	定义更细的字符
100 200 300 400 500 600 700 800 900	定义由粗到细的字符。400 等同于 normal，而 700 等同于 bold
inherit	规定应该从父元素继承字体的粗细

相对长度单位有下列几种。

px：像素（Pixel），像素是相对于显示器屏幕分辨率而言的。Windows 的用户所使用的分辨率一般是 96 像素/英寸；而 MAC 的用户所使用的分辨率一般是 72 像素/英寸。

em：相对长度单位。相对于当前对象内文本的字体尺寸。如当前行内文本的字体为 16px，1em=16px。font-size 设置实例：

```
body {font-size:100%;}
h1 {font-size:3.75em;}
h2 {font-size:2.5em;}
p {font-size:0.875em;}
```

这样设置之后，在所有浏览器中，可以显示相同的文本大小，并允许所有浏览器缩放文本的大小。

font 简写属性在一个声明中设置所有字体的属性。可以按顺序设置如下属性：font-style、font-weight、font-size/line-height、font-family。如：

```
font: italic  bold  12px/30px  arial,sans-serif;
```

可以不设置其中的某个值，比如：

```
font: 100%  verdana;
```

例 9-1 综合运行 CSS 字体与内外边距等进行网页排版。

例 9-1　9-1.html

```
<!DOCTYPE html>
<html>
```

```
    <head>
            <meta charset="gb2312">
            <title>CSS 字体</title>
            <style type="text/css">
            body, button, dd, dl, dt, fieldset, form, h1, h2, h3, h4, h5, h6,
hr, input, legend, li, ol, p, td, textarea, th, ul
            {
                border:0;
                margin: 0;
                padding: 0;
             }
            body
            {
                font: 14px/1.25  "微软雅黑", Arial, Helvetica, sans-serif, "SimSun";
            }
            .main
            {
                width:640px;
                margin:0px  auto;
            }
            .main h1
            {
                font-size: 26px;
                font-weight:normal;
                margin-bottom: 5px;
            }
            .main p
            {
                line-height:26px;
                margin-bottom:26px;
            }
         .main  .titdd-Article
            {
                padding: 12px 18px 10px;
                background: #f3f3f3;
                _width: 604px;
            }
            </style>
    </head>
    <body>
```

将此类元素位于父元素（body）的水平中间。

设置所有类main中的段落的行高和下外边距。

IE6 支持有下划线的 width，IE7 和 firefox 等均不支持下划线。这是 CSS HACK 写法，为了兼容 IE6，注意_width 必须写在正常 CSS 属性定义的后面，不能写在前面。

```
    <div class="main">
            <h1>路虎全新发现将 3 月 2 日上市 一改方正设计</h1>
            <p class="titdd-Article">[<strong>摘要</strong>]我们获得最新消息称，路虎全新第五代发现将于 3 月 2 日正式在国内上市。</p>
            <p style="text-indent:2em">目前，我们获得最新消息称，路虎全新第五代发现将于 3 月 2 日正式在国内上市。据之前报道称，该车将推出 3.0L V6 机械增压发动机共计 5 款配置车型可选，包括 S、SE、HSE、HSE LUXURY、首发限量版。</p>
    </div>
  </body>
  </html>
```

例 9-1 在浏览器中的显示效果如图 9-1 所示。

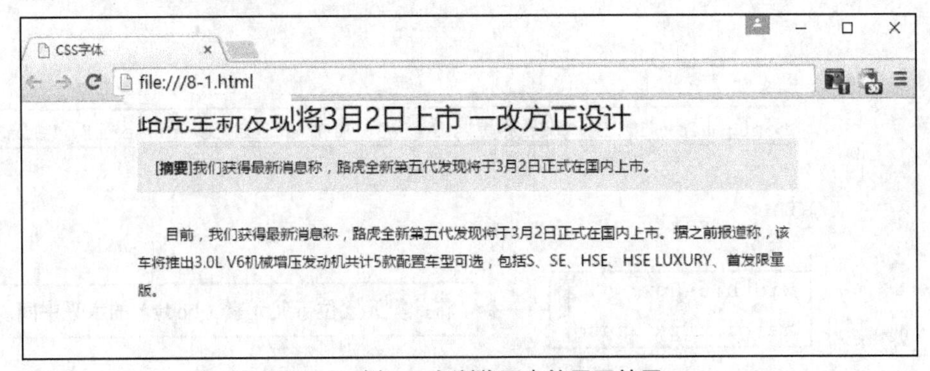

图 9-1　例 9-1 在浏览器中的显示效果

注意：通过这个例子可以看到：（1）在 body 中设置字体后，body 的子元素如<p>具有与<body>相同的字体属性，这是 CSS 的继承。当然并不是所有的 CSS 属性都可以继承；（2）对于不同元素相同的 CSS 属性设置可以放在一起，如所有段落的行高定义，各元素不同的 CSS 属性设置可以通过为元素定义 CSS 类来实现。

9.2 CSS 文本

CSS 文本主要设置文本颜色、对齐方式、字符间距以及文本修饰效果等。text-indent 属性规定文本块中首行文本的缩进。该属性允许使用负值，如果使用负值，那么首行会被缩进到左边；text-indent 可以使用百分比值，百分数要相对于缩进元素父元素的宽度。实例：

```
p.one {text-indent: 1cm;}
p.two {text-indent: 2em;}
```

color 属性规定文本的颜色，其值可以是颜色名（如 red，green 等）、十六进制颜色（如 #ff0000）和 RGB 颜色（如 rgb(255,0,0)）。实例：

```
h1 {color:#00ff00;}
p.ex {color:rgb(0,0,255);}
```

text-align 属性规定元素中的文本的水平对齐方式，该属性通过指定行框与哪个点对齐，从而设置块级元素内文本的水平对齐方式，该属性取值如表 9-2 所示。

表 9-2 text-align 属性取值

值	备注
left	把文本排列到左边。默认值：由浏览器决定
right	把文本排列到右边
center	把文本排列到中间
justify	实现两端对齐文本效果
inherit	规定应该从父元素继承 text-align 属性的值

实例：

```
h1 {text-align:center;}
h2 {text-align:left;}
h3 {text-align:right;}
```

这里需要说明的是“text-align: justify;”实现两端对齐，在图 9-1 中可以看到最后一个段落的两行右边没有对齐，可以为段落设置两端对齐，在后代选择“.main p”后添加对齐方式就可以了：

```
.main p
{
        line-height:26px;
        margin-bottom:26px;
        text-align:justify;
}
```

添加对齐方式后，最后一个段落效果如图 9-2 所示。

目前，我们获得最新消息称，路虎全新第五代发现将于3月2日正式在国内上市。据之前报道称，该车将推出3.0L V6机械增压发动机共计5款配置车型可选，包括S、SE、HSE、HSE LUXURY、首发限量版。

图 9-2 两端对齐效果

word-spacing 属性增加或减少单词间的空白（即字间隔），letter-spacing 属性增加或减少字符间的空白（字符间距）。设有 CSS 代码分别设置字间隔和字符间距：

```
p.spread {word-spacing: 30px;}
p.tight {word-spacing: -0.5em;}
h1 {letter-spacing: -0.5em}
h4 {letter-spacing: 20px}
```

若 HTML 代码为：

```
<p class="spread">This is some text. This is some text.</p>
<p class="tight">This is some text. This is some text.</p>
<h1>This is header 1</h1>
<h4>This is header 4</h4>
```

此 HTML 代码在浏览器中的显示效果如图 9-3 所示。

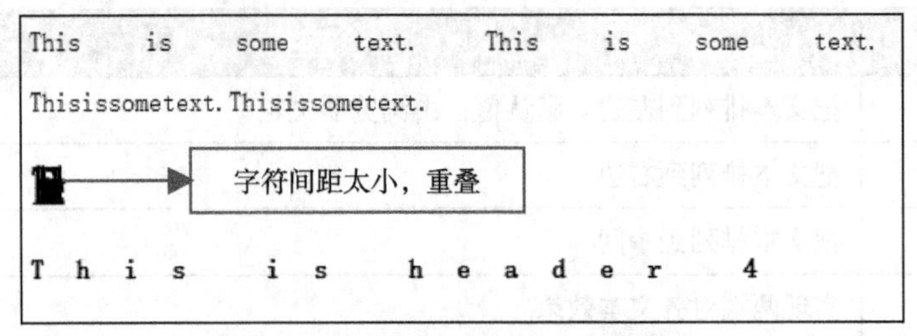

图 9-3 设置字间隔和字符间距效果

text-transform 属性控制文本的大小写，其属性取值如表 9-3 所示。

表 9-3 text-transform 属性取值

值	备注
none	定义带有小写字母和大写字母的标准的文本
capitalize	文本中的每个单词以大写字母开头
uppercase	定义仅有大写字母
lowercase	定义无大写字母，仅有小写字母
inherit	规定应该从父元素继承 text-transform 属性的值

若有 CSS 代码与 HTML 代码：

```
h1 {text-transform: uppercase;}
p.uppercase {text-transform: uppercase;}
p.lowercase {text-transform: lowercase;}
p.capitalize {text-transform: capitalize;}

<h1>This Is An H1 Element</h1>
<p class="uppercase">This is some text in a paragraph.</p>
<p class="lowercase">This is some text in a paragraph.</p>
<p class="capitalize">This is some text in a paragraph.</p>
```

这段代码在浏览器中的显示效果如图 9-4 所示。

THIS IS AN H1 ELEMENT

THIS IS SOME TEXT IN A PARAGRAPH.

this is some text in a paragraph.

This Is Some Text In A Paragraph.

图 9-4 text-transform 属性设置效果

text-decoration 属性为规定添加到文本的修饰，如下划线。如果后代元素没有自己的装饰，祖先元素上设置的装饰会“延伸”到后代元素中，其取值如表 9-4 所示。

表 9-4　text-decoration 属性取值

值	备注
none	默认，定义标准的文本
underline	定义文本下的一条线
overline	定义文本上的一条线
line-through	定义穿过文本下的一条线
blink	定义闪烁的文本
inherit	规定应该从父元素继承 text-decoration 属性的值

若有 CSS 代码与 HTML 代码：

```
h1 {text-decoration: overline;}
h2 {text-decoration: line-through;}
h3 {text-decoration: underline;}
h4 {text-decoration:blink;}
a {text-decoration: none;}

<h1>这是标题 1</h1>
<h2>这是标题 2</h2>
<h3>这是标题 3</h3>
<h4>这是标题 4</h4>
<p><a href="http://www.w3school.com.cn/index.html">这是一个链接</a></p>
```

这段代码在浏览器中的显示效果如图 9-5 所示。

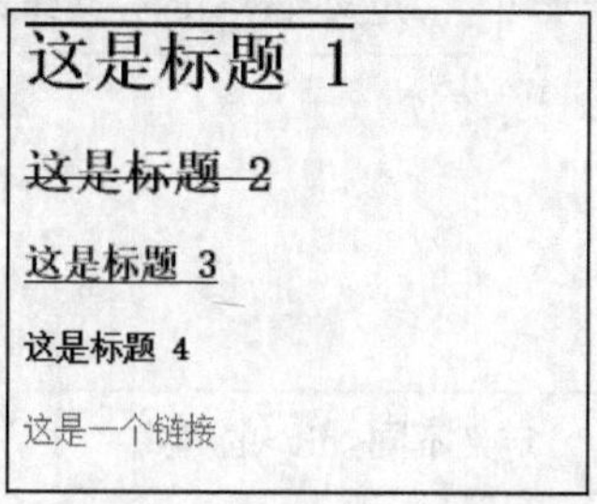

这是标题 1

这是标题 2

这是标题 3

这是标题 4

这是一个链接

图 9-5　text-decoration 属性设置效果

white-space 属性设置如何处理元素内的空白，其取值见表 9-5。

表 9-5　white-space 属性取值

值	备注
normal	默认，换行字符（回车）会转换为空格，一行中多个空格的序列也会转换为一个空格
pre	空白会被浏览器保留。其行为方式类似 HTML 中的 <pre> 标签，IE 7 及以前版本的浏览器不支持
nowrap	文本不会换行，文本会在在同一行上继续，直到遇到 标签为止

续表

值	备注
pre-wrap	保留空白符序列，但是正常地进行换行
pre-line	合并空白符序列，但是保留换行符
inherit	规定应该从父元素继承 white-space 属性的值

如设置段落中的文本不进行换行全部在一行显示的代码为：

```
p
{
  white-space: nowrap;
}
```

overflow 属性规定当内容溢出元素框时怎样处理。其取值如表 9-6 所示。

表 9-6　overflow 属性取值

值	备注
visible	默认值。内容不会被修剪，会呈现在元素框之外
hidden	内容会被修剪，并且其余内容是不可见的
scroll	内容会被修剪，但是浏览器会显示滚动条以便查看其余的内容
auto	如果内容被修剪，则浏览器会显示滚动条以便查看其余的内容
inherit	规定应该从父元素继承 overflow 属性的值

若有 CSS 代码：

```
div  ————→ 定义<div> 的公共样式
{
  border:1px solid;
  width:300px;
  height:37px;
}
div.one  ————→ 定义不同<div>的样式
{
  overflow: hidden;
}
div.two  ————→ 定义不同<div>的样式
{
  margin-top:10px;
  overflow: scroll;
}
div.three  ————→ 定义不同<div>的样式
{
```

```
    margin-top:10px;
    overflow: visible;
  }
```

分别将定义的三个 CSS 类应用于下面的<div>：

```
<div class="one">
    这个属性定义溢出元素内容区的内容会如何处理。如果值为 scroll，不论是否需要，用户代理都会提供一种滚动机制。因此，有可能即使元素框中可以放下所有内容也会出现滚动条。默认值是visible。
</div>
<div class="two">
    这个属性定义溢出元素内容区的内容会如何处理。如果值为 scroll，不论是否需要，用户代理都会提供一种滚动机制。因此，有可能即使元素框中可以放下所有内容也会出现滚动条。默认值是visible。
</div>
<div class="three">
    这个属性定义溢出元素内容区的内容会如何处理。如果值为 scroll，不论是否需要，用户代理都会提供一种滚动机制。因此，有可能即使元素框中可以放下所有内容也会出现滚动条。默认值是visible。
</div>
```

可以看到三个段落在浏览器中的显示效果如图 9-6 所示。

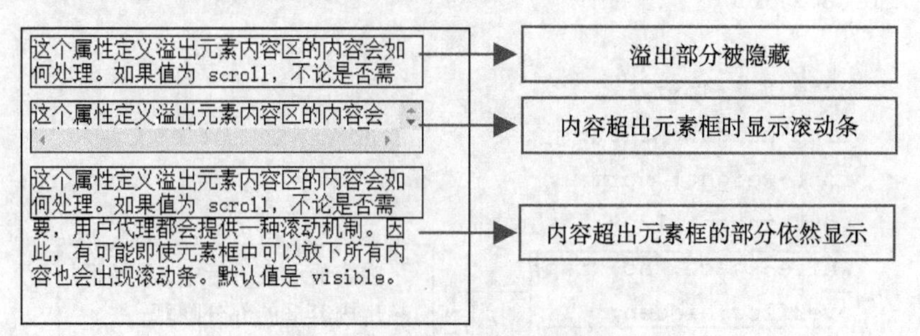

图 9-6 overflow 溢出处理效果

例 9-2 综合运行内外边距、文本、字体等在网页上排列新闻标题。

例 9-2 9-2.html

```
<!DOCTYPE html>
<html>
<head>
  <meta charset="gb2312">
  <title>新闻标题显示</title>
  <style type="text/css">
  body, ol, ul, h1, h2, h3, h4, h5, h6, p, th, td, dl, dd, form, fieldset, legend, input, textarea, select
  {
        margin: 0;
```

```
        padding: 0;
        list-style-type: none;        → 不显示列表的项目符号
}
body
{
        font-size: 12px;
        font-family: SimSun;
        color: #2b2b2b;
}
.listMixed
{
        overflow: hidden;        → 超出内容框的新闻标题被隐藏
        margin: 0 0 20px;
  }
  .listMixed  h6
  {
      width: 320px;
  }

  .listBox  li
  {
      height: 34px;
      line-height: 34px;
      font-weight: normal;
      text-indent:12px;
      white-space: no-wrap;        → 内容显示在一行中，不换行
      overflow:hidden;               超出内容框的部分隐藏
  }
  .listBox  li  a
  {
      font-size: 14px;
      color: #666;
      text-decoration:none;
  }
  .listBox  li  a:hover        → 设置鼠标移动到超链接上时超链接的样式
  {
      text-decoration:underline;
      color:#cd0200;
  }
</style>
</head>
```

```
    <body>
        <div class="listMixed">
                <h6>
                    <ul class="listBox">
                        <li><a title="MBA 备考：英语阅读十大解题生化武器" href=
"http://lx.huanqiu.com/lxnews/2015-12/8243055.html">MBA 备考：英语阅读十大解题生
化武器</a></li>
                        <li><a title="MBA 备考:倒计时 3 天听学霸分享考前经验" href=
"http:// lx .huanqiu.com/lxnews/2015-12/8241740.html">MBA 备考：倒计时 3 天听学霸
分享考前经验</a></li>
                    <li><a title="2015 年全球商学院最新排名出炉" href="http://lx.
huanqiu.com/lxnews/2015-12/8197317.html">2015 年全球商学院最新排名出炉</a></li>
                        <li><a title="高校迎新物品用一次就扔 环卫工花一天时间清理"
href="http://lx.huanqiu.com/bschool/2015-09/7563632.html">高校迎新物品用一次就
扔 环卫工花一天时间清理</a></li>
                        <li><a title="美国商学院招生官重点解析 MBA 面试指南"
href="http://lx.huanqiu.com/bschool/2015-09/7723882.html">美国商学院招生官重点
解析 MBA 面试指南</a></li>
                </ul>
            </h6>
        </div>
    </body>
    </html>
```

例 9-2 在浏览器中的显示效果如图 9-7 所示。

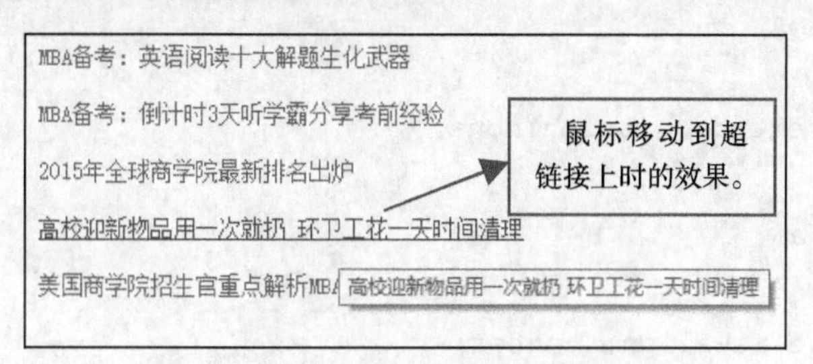

图 9-7　例 9-2 在浏览器中的显示效果

9.3 CSS 背景

CSS 允许应用纯色作为背景，也允许使用背景图像创建相当复杂的效果。CSS 属性 background-color 设置元素的背景颜色：

```
body
{
  background-color:yellow;
}
h1
```

```
{
  background-color:#00ff00;
}
```

背景颜色会填充元素的内容、内边距和边框区域，background-color 不能继承。

例 9-3 通过设置背景色等利用超链接制作按钮。

例 9-3　9-3.html

```
<!DOCTYPE html>
<html>
<head>
  <meta charset="gb2312">
  <title>新闻标题显示</title>
  <style type="text/css">
  body, ol, ul, h1, h2, h3, h4, h5, h6, p, th, td, dl, dd, form, fieldset,
legend, input, textarea, select
  {
          margin: 0;
          padding: 0;
          list-style: none;
  }
  body
  {
          padding:20px;
  }
  a
  {
           text-decoration:none;
  }
  .mainbtns  a
  {
            text-align: center;
  }
  .mainbtns   .btn-dark-buy
  {
        background: #663200;
            color: #fff;
            font: 16px/40px microsoft yahei;
            font-weight: 600;
            border-radius: 3px;    ——> 设置圆角
            width: 115px;
            height: 40px;
```

```
        display: block;  →  显示为块元素，为什么？
    }
    </style></head>
    <body>
    <div class="mainbtns">
      <a name="item_171958785_gmq_ljgm" class="btn-dark-buy" id="buyNowAddCart"
href="javascript:Cart.buyNowTime();">立即购买</a>
    </div>                    ↘
    </body>                   单击按钮时调用指定的 JavaScript 函数
    </html>
```

例 9-3 在浏览器中的显示效果如图 9-8 所示。

图 9-8　利用超链接制作按钮

background-image 属性为元素设置背景图像，元素的背景占据了元素的全部尺寸，包括内边距和边框，但不包括外边距：

```
body
{
  background-image: url("bgimage.gif");
  background-color: #000000;
}
```

读者需要注意的是 background-image 的值为 url（'背景图片路径'），一般路径为一个相对路径，具体书写规则参考在网页中插入图片时图片路径的设置，读者可以尝试一下在外部样式表中为<body>设置背景图片。

默认地，背景图像位于元素的左上角，并在水平和垂直方向上重复。background-repeat 属性设置是否及如何重复背景图像，该属性的取值如表 9-7 所示。

表 9-7　background-repeat 属性取值

值	备注
repeat	默认。背景图像将在垂直方向和水平方向重复
repeat-x	背景图像将在水平方向重复
repeat-y	背景图像将在垂直方向重复
no-repeat	背景图像将仅显示一次
inherit	规定应该从父元素继承该属性的值

background-position 属性设置背景图像的起始位置。背景图片在元素中的位置包括水平位置和垂直位置，因此设置 background-position 属性时，需要指定两个位置，该属性取值如表 9-8 所示。

表 9-8　background-position 属性取值

值	备注
top left top center top right center left center center center right bottom left bottom center bottom right	如果仅规定了一个关键词，那么第二个值将是"center"。默认值：top left
x%　y%	如"30% 40%;"，第一个值是水平位置，第二个值是垂直位置。左上角是 0% 0%。右下角是 100% 100%，如果仅规定了一个值，另一个值将是 50%
xpos　ypos	如"30px 40px;"，第一个值是水平位置，第二个值是垂直位置。左上角是 0 0。单位是像素或任何其他的 CSS 单位。如果仅规定了一个值，另一个值将是 50%。可以混合使用 % 和 position 值

假设有 CSS 代码：

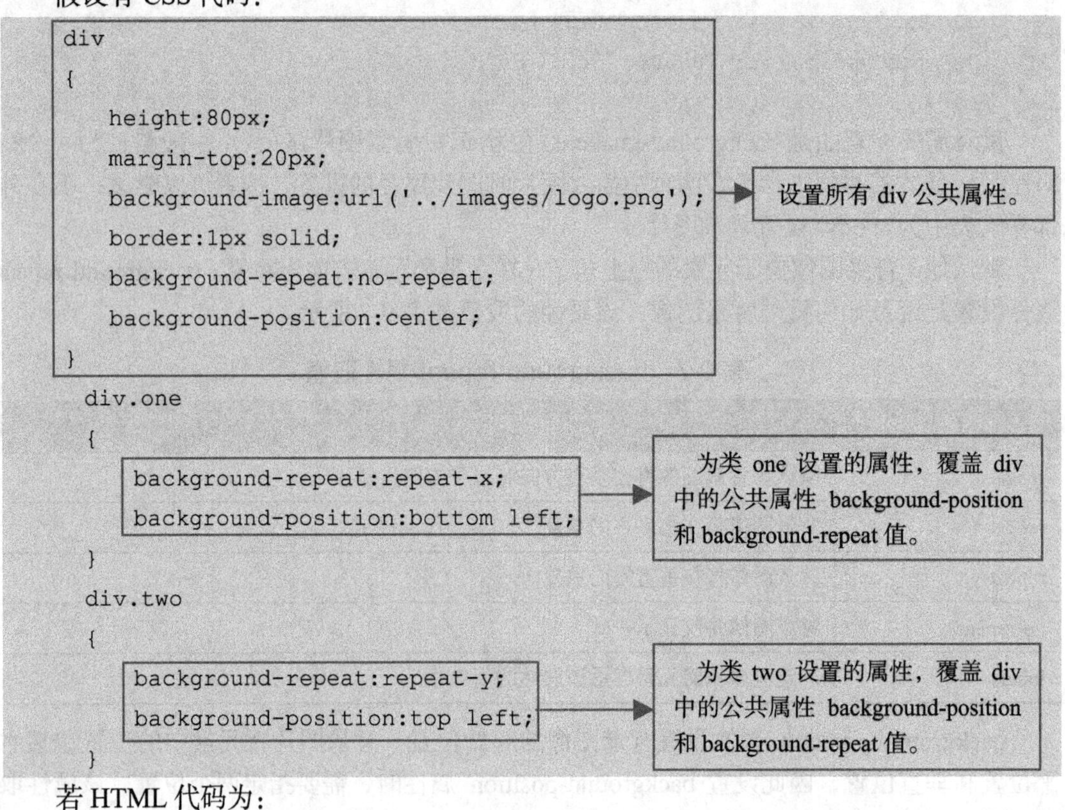

若 HTML 代码为：

```
<div>Hello World!</div>
<div class="one">Hello World!</div>
<div class="two">Hello World!</div>
```

则网页显示效果如图 9-9 所示。

Hello World!
W3Cschool
Hello World!
W3CschoolW3CschoolW3Cschool
Hello World!
W3Cschool
W3Cschool

图 9-9　background-position 与 background-repeat 应用举例

当设置 CSS“background-position:0 0;”时，图片的左上角与设置背景的 HTML 元素（如 div）的左上角是重合的；当设置“background-position:-50px -50px;”时，图片向左、上移动了，也就以设置背景的 HTML 元素（如 div）的左上角为中心，图向左移动了 50px，向上也移动了 50px，此方法经常用来在包含多个小图标的图片中选一个小图标作为元素背景；当设置“background-position:100px 100px;”时，背景图向右、向下移动 100px。

background 简写属性在一个声明中设置所有的背景属性。可以设置如下属性：

background-color、background-position、background-size、background-repeat、background-origin、background-clip、background-attachment、background-image 等。

如果不设置其中的某个值也可以，如：

```
background:#ff0000  url('smiley.gif');
```

例 9-4 利用背景图片来制作特殊的元素边框线。

例 9-4　9-4.html

```
<!DOCTYPE html>
<html>
<head>
  <meta charset="gb2312">
  <title>背景图片</title>
  <style type="text/css">
  body, ol, ul, h1, h2, h3, h4, h5, h6, p, th, td, dl, dd, form, fieldset,
legend, input, textarea, select
  {
            margin: 0;
            padding: 0;
            list-style: none;
  }
  .tit
```

```
    {
            border-bottom: 3px solid #e0e0e0;
            height: 27px;
            line-height: 15px;
            font-size: 16px;
            color: #436993;
            margin-bottom: 24px;
    }
    .tit span
    {
            display: block;
            background: url(images/c_h2bg.png)  no-repeat;
            height: 30px;
            padding-left: 20px;
            font-family: 微软雅黑;
    }
  </style>
  </head>
  <body>
    <div class="tit">
            <span>世态万象</span>
    </div>
  </body>
  </html>
```

例 9-4 在浏览器中的显示效果如图 9-10（a）所示，图 9-10（b）为没有设置背景图片的效果。

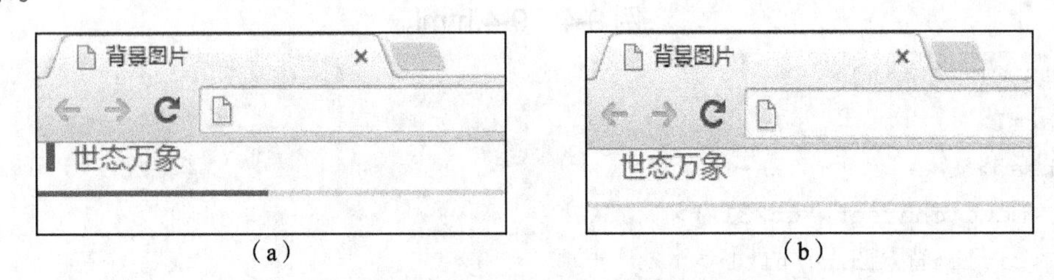

图 9-10　例 9-4 在浏览器中的显示效果

本章小结

本章介绍了 CSS 字体、CSS 文本和背景色等相关属性，对每一部分用实例说明其具体应用。通过本章的学习，读者可以掌握相关属性的含义，在此基础上将所学知识应用到网页设计中，使页面达到想要的效果。

第 10 章　CSS 列表与表格

学习目标

- 掌握 CSS 列表属性。
- 掌握 CSS 表格属性。
- 掌握 display 属性取值，能应用 display 制作菜单等。

列表和表格在网页中经常使用，本章介绍 CSS 列表与表格相关的属性。

10.1 CSS 列表

CSS 列表属性允许用户放置、改变列表项目符号，或者将图像作为列表的项目符号。list-style-type 属性设置列表项目符号的类型，list-style-type 属性取值（部分）如表 10-1 所示。

表 10-1　list-style-type 属性取值（部分）

值	备注
none	无项目符号
disc	默认。标记是实心圆
circle	标记是空心圆
square	标记是实心方块
decimal	标记是数字
decimal-leading-zero	0 开头的数字标记（01, 02, 03 等）
lower-roman	小写罗马数字（i, ii, iii, iv, v 等）
upper-roman	大写罗马数字（I, II, III, IV, V 等）
lower-alpha	小写英文字母 The marker is lower-alpha（a, b, c, d 等）
upper-alpha	大写英文字母 The marker is upper-alpha（A, B, C, D 等）
lower-greek	小写希腊字母（alpha, beta, gamma 等）
lower-latin	小写拉丁字母（a, b, c, d, e 等）
upper-latin	大写拉丁字母（A, B, C, D, E 等）
hebrew	传统的希伯来编号方式
armenian	传统的亚美尼亚编号方式

实例：

```
ul.circle {list-style-type:circle;}
ul.square {list-style-type:square;}
ul.none {list-style-type:none;}
ol.upper-roman {list-style-type:upper-roman;}
ol.lower-alpha {list-style-type:lower-alpha;}
```

list-style-image 属性使用图像来替换列表项的标记，实例：

```
list-style-image:url("/i/arrow.gif");
```

用图片“arrow.gif”作为列表的项目符号。

list-style-position 属性设置在何处放置列表项标记，取值如表 10-2 所示。

表 10-2　list-style-position 属性取值

值	备注
inside	列表项目标记放置在文本以内，且环绕文本根据标记对齐
outside	默认值。保持标记位于文本的左侧。列表项目标记放置在文本以外，且环绕文本不根据标记对齐
inherit	规定应该从父元素继承 list-style-position 属性的值

例 10-1 演示了属性“inside”与“outside”的区别。

例 10-1　10-1.html

```
<!DOCTYPE html>
<html>
<head>
      <meta charset="gb2312">
      <title>CSS 列表</title>
      <style type="text/css">
      body, button, dd, dl, dt, fieldset, form, h1, h2, h3, h4, h5, h6,
hr, input, legend, li, ol, p, td, textarea, th, ul
      {
           border:0;
           margin: 0;
           padding: 0;
       }
      body
      {
           font: 14px/1.25  "微软雅黑",Arial,Helvetica,sans-serif,"SimSun";
      }
      ul
      {
           margin-bottom:15px;
```

```
            margin-left:20px;
        }
        li
        {
            border:1px solid;
        }
        ul.inside
        {
            list-style-position: inside
        }
        ul.outside
        {
            list-style-position: outside
        }
        </style>
</head>
<body>
        <p>该列表的 list-style-position 的值是 "inside": </p>
        <ul class="inside">
          <li>Earl Grey Tea - 一种黑颜色的茶</li>
          <li>Jasmine Tea - 一种神奇的“全功能”茶</li>
          <li>Honeybush Tea - 一种令人愉快的果味茶</li>
        </ul>
        <p>该列表的 list-style-position 的值是 "outside": </p>
        <ul class="outside">
          <li>Earl Grey Tea - 一种黑颜色的茶</li>
          <li>Jasmine Tea - 一种神奇的“全功能”茶</li>
          <li>Honeybush Tea - 一种令人愉快的果味茶</li>
        </ul>
</body>
</html>
```

如果没有此句，当 list-style-position 属性为 outside 时，项目符号不可见，如图 10-1（b）所示。

例 10-1 在浏览中的显示效果如图 10-1 所示。

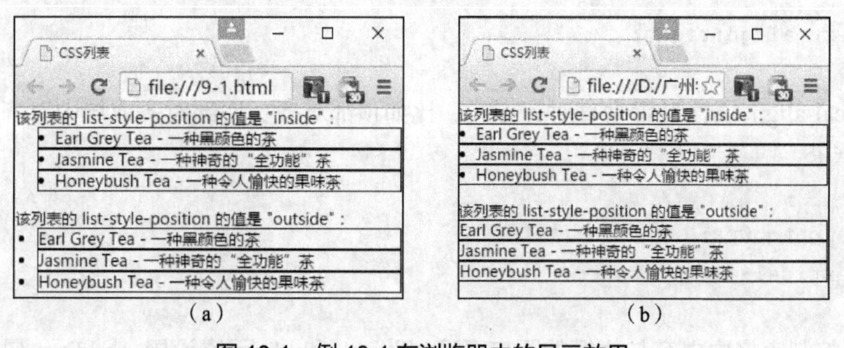

图 10-1 例 10-1 在浏览器中的显示效果

可以看到，当 list-style-position 属性为 inside 时，项目符号位于<li>的边框线内；如果属性为 outside 时，项目符号位于<li>的边框线外。

list-style 为简写属性，可以将以上 3 个列表样式属性 list-style-type、list-style-image、list-style-position 的值赋予 list-style：

```
ul
{
        list-style: square inside url('/i/eg_arrow.gif');
}
```

关于列表的实例，读者可参考本书 3.2 节。

10.2 CSS 表格

CSS 表格属性可以设置表格的边框线、尺寸、对齐方式等。如需在 CSS 中设置表格边框，可以使用 border 属性。下面的代码为 table、th 以及 td 设置了蓝色边框：

```
table, th, td
{
  border: 1px solid blue;
}
```

通过 width 和 height 属性定义表格的宽度和高度。下面的代码将表格宽度设置为 100%，同时将 th 元素的高度设置为 50px：

```
table
{
  width:100%;
}
th
{
  height:50px;
}
```

text-align 和 vertical-align 属性设置表格中文本的对齐方式。text-align 属性设置水平对齐方式，比如左对齐、右对齐或者居中对齐：

```
td.one
{
  text-align:right;
}
```

vertical-align 属性设置垂直对齐方式，比如顶部对齐、底部对齐或居中对齐：

```
td.two
{
  height:50px;
  vertical-align:bottom;
}
```

如需控制表格中内容与边框的距离，可以为 td 和 th 元素设置 padding 属性：

```
td
{
  padding:15px;
}
```

border-collapse 属性设置表格的边框是否被合并为一个单一的边框，还是像在标准的 HTML 中那样分开显示。其取值如表 10-3 所示。

表 10-3 border-collapse 属性取值

值	备注
separate	默认值。边框会被分开。不会忽略 border-spacing 和 empty-cells 属性
collapse	如果可能，边框会合并为一个单一的边框。会忽略 border-spacing 和 empty-cells 属性
inherit	规定应该从父元素继承 border-collapse 属性的值

设有一个表格，其源代码如下：

```
<table>
        <tr>
          <th>Firstname</th>
          <th>Lastname</th>
        </tr>
        <tr>
          <td>Bill</td>
          <td>Gates</td>
        </tr>
        <tr>
          <td>Steven</td>
          <td>Jobs</td>
        </tr>
</table>
<p><b>注释：</b>如果没有规定 !DOCTYPE，border-collapse 属性可能会引起意想不到的错误。</p>
```

并且设置了表格边框线：

```
table, td, th
{
  border:1px solid black;
}
```

分别将 table 的 border-collapse 属性设置为 collapse 和 separate，设置为 collapse 的代码如下（怎样设置为 separate 请读者自己编写）：

```
table
{
  border-collapse:collapse;
}
```

border-collapse 属性设置在浏览器中的显示效果如图 10-2（a）和（b）所示。

Firstname	Lastname
Bill	Gates
Steven	Jobs

（a）

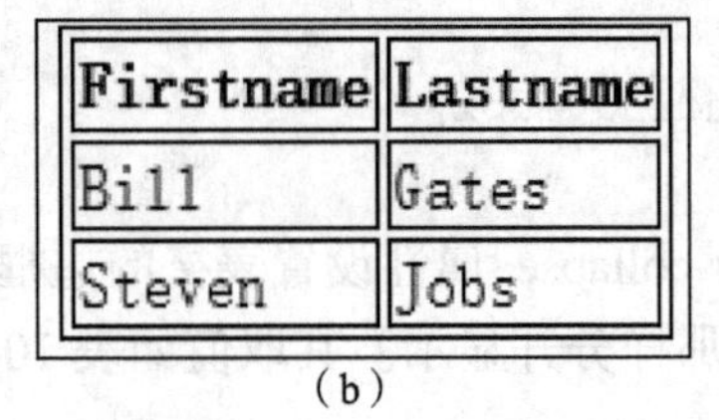

Firstname	Lastname
Bill	Gates
Steven	Jobs

（b）

图 10-2 border-collapse 设置效果

border-spacing 属性设置相邻单元格的边框间的距离（仅用于“边框分离”模式）。其取值如表 10-4 所示。

表 10-4 border-spacing 属性取值

值	备注
length	规定相邻单元的边框之间的距离、使用 px、cm 等单位；不允许使用负值。如果定义一个 length 参数（如 border-spacing:20px;），那么定义的水平和垂直间距相同。如果定义两个 length 参数（如 border-spacing:20px 10px;），那么第一个设置水平间距，而第二个设置垂直间距
inherit	规定应该从父元素继承 border-spacing 属性的值

下面的代码定义单元格的水平间距和垂直间距相同。

```
table.one
{
        border-collapse: separate;
        border-spacing: 10px
}
```

此外还有 empty-cells 属性设置是否显示表格中的空单元格（仅用于“分离边框”模式），caption-side 属性设置表格标题的位置，本文不再详细介绍。

10.3 CSS display（显示）与 visibility（可见性）

visibility 属性规定元素是否可见，其取值如表 10-5 所示。

表 10-5 visibility 属性取值

值	备注
visible	默认值。元素是可见的
hidden	元素是不可见的
collapse	用于表格元素时，可删除一行或一列，被删行或列占据的空间不保留。如果用于其他元素，会呈现为“hidden”
inherit	规定应该从父元素继承 visibility 属性的值

若有网页的主要源代码如下：

```
<style type="text/css">
        h1.visible {visibility:visible;}
        h1.invisible {visibility:hidden;}
</style>

<body>
        <h1 class="visible">中东部将迎今年最大范围雨雪 局地降温 12℃以上</h1>
        <h1 class="invisible">原标题：本周中东部迎今年最大范围雨雪降温 </h1>
        <p>据中央气象台最新预报，20 日至 23 日前后，我国中东部地区将出现今年以来范围最大的雨雪天气过程，内蒙古、甘肃、陕西、山西、河南、山东等地的部分地区将迎来大雪或暴雪。同时，受较强冷空气的影响，中东部地区的气温也会大幅下跌，部分地区气温起伏剧烈。预计 24 日以后，冷空气势力减弱，气温呈回升趋势。
</p>
</body>
```

此网页在浏览器中的显示效果如图 10-3 所示。

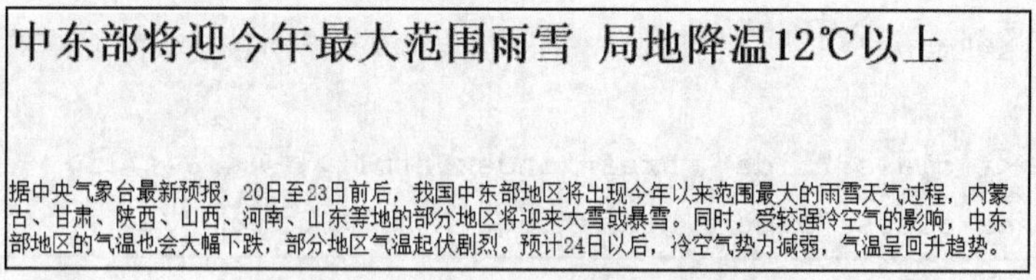

中东部将迎今年最大范围雨雪 局地降温12℃以上

据中央气象台最新预报，20日至23日前后，我国中东部地区将出现今年以来范围最大的雨雪天气过程，内蒙古、甘肃、陕西、山西、河南、山东等地的部分地区将迎来大雪或暴雪。同时，受较强冷空气的影响，中东部地区的气温也会大幅下跌，部分地区气温起伏剧烈。预计24日以后，冷空气势力减弱，气温呈回升趋势。

图 10-3 visibility 属性设置显示效果

可以看到，visibility 属性为 visible 时，元素正常显示；如果 visibility 属性为 hidden，元素则不可见，但不可见的元素也会占据页面上的空间。如果创建不占据页面空间的不可见元素，可以使用 display 属性。

display 属性规定元素应该生成的框的类型，其取值如表 10-6 所示。

表 10-6 display 属性取值

值	备注
none	此元素不会被显示
block	此元素将显示为块级元素，此元素前后会带有换行符
inline	默认。被显示为内联元素，元素前后没有换行符
inline-block	行内块元素
list-item	此元素会作为列表显示
table	作为块级表格来显示（类似 <table>），前后带有换行符
table-row	此元素会作为一个表格行显示（类似 <tr>）
table-column	此元素会作为一个单元格列显示（类似 <col>）
table-cell	此元素会作为一个表格单元格显示（类似 <td>）
inherit	规定应该从父元素继承 display 属性的值

如果将 10.3 节中设置网页元素是否可见的 CSS 代码修改为：

```
h1.visible {display:block;}
h1.invisible {display:none;}
```

其他代码不变，则网页在浏览器中的显示效果如图 10-4 所示。

中东部将迎今年最大范围雨雪 局地降温12℃以上

据中央气象台最新预报，20日至23日前后，我国中东部地区将出现今年以来范围最大的雨雪天气过程，内蒙古、甘肃、陕西、山西、河南、山东等地的部分地区将迎来大雪或暴雪。同时，受较强冷空气的影响，中东部地区的气温也会大幅下跌，部分地区气温起伏剧烈。预计24日以后，冷空气势力减弱，气温呈回升趋势。

图 10-4 display 属性设置显示效果

对照图 10-3 可以看出，将元素的 display 设置为 none 后，元素不可见，并且元素不再占有页面空间。同时一旦父节点元素应用了 display:none，父节点及其子孙节点元素全部不可见。利用 display 的这个特点，还可以制作菜单。例 10-2 演示制作二级菜单，采用二级嵌套列表实现，例 10-2 主要 HTML 源代码如下。

例 10-2 10-2.html

```
<div class="menu">
  <ul>
    <li><a class="hide" href="index.html">首页</a></li>
    <li><a class="hide" href="page.html">关于我们</a>
      <ul>
        <li><a href="page.html">关于<a href="#">合作建房</a></a></li>
        <li><a href="page.html">企业文化</a></li>
        <li><a href="page.html">企业荣誉</a></li>
        <li><a href="page.html">核心理念</a></li>
      </ul>
    </li>
    <li><a class="hide" href="#">案例参考</a>
      <ul>
        <li><a href="page.html">成功案例</a></li>
        <li><a href="page.html">失败案例</a></li>
        <li><a href="page.html">国外案例</a></li>
      </ul>
    </li>
    <li><a class="hide" href="reg.html">我要报名</a> </li>
    <li><a class="hide" href="news-list.html">法律保障</a> </li>
    <li><a class="hide" href="page.html">联系我们</a> </li>
  </ul>
  <div class="clear"> </div>
</div>
```

嵌套在 li 中的列表

嵌套在 li 中的列表

在没有为列表定义样式时，这段 HTML 代码在网页上的显示效果如图 10-5（a）所示。

若加上样式定义代码（主要定义嵌套在<li>中的 ul 隐藏，当鼠标移动到<li>上时，<li>中嵌套的 ul 显示为块元素）：

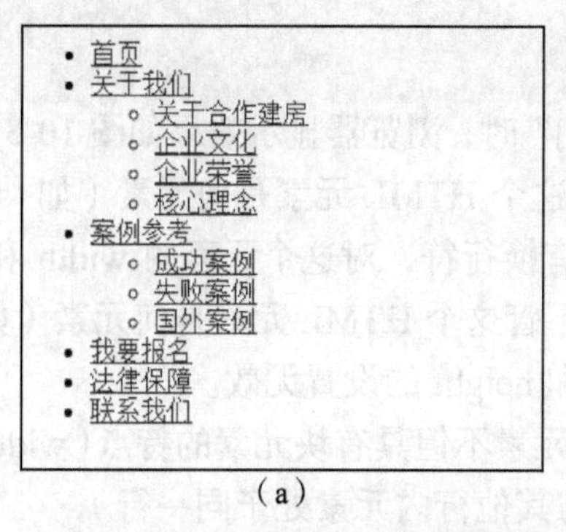

（a）

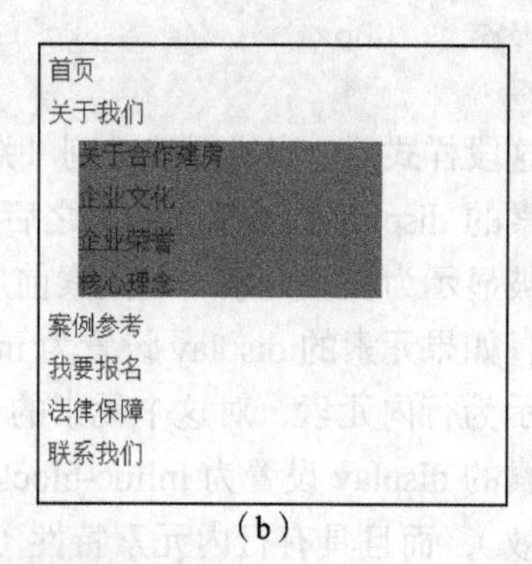

（b）

图 10-5 设置嵌套 ul 隐藏与显示对比效果

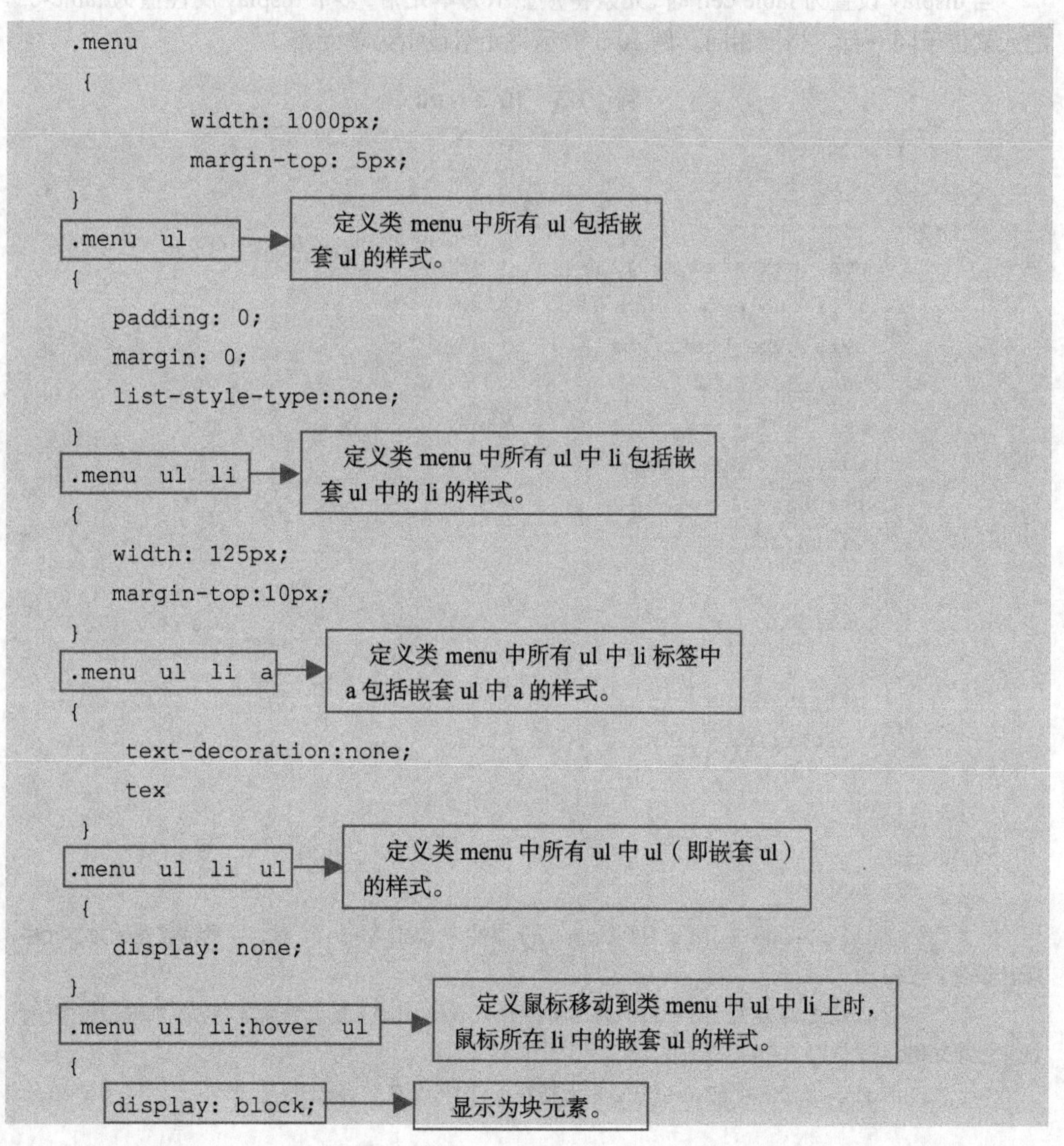

.menu
{
width: 1000px;
margin-top: 5px;
}
.menu ul
定义类 menu 中所有 ul 包括嵌套 ul 的样式。
{
padding: 0;
margin: 0;
list-style-type:none;
}
.menu ul li
定义类 menu 中所有 ul 中 li 包括嵌套 ul 中的 li 的样式。
{
width: 125px;
margin-top:10px;
}
.menu ul li a
定义类 menu 中所有 ul 中 li 标签中 a 包括嵌套 ul 中 a 的样式。
{
text-decoration:none;
tex
}
.menu ul li ul
定义类 menu 中所有 ul 中 ul（即嵌套 ul）的样式。
{
display: none;
}
.menu ul li:hover ul
定义鼠标移动到类 menu 中 ul 中 li 上时，鼠标所在 li 中的嵌套 ul 的样式。
{
display: block;
显示为块元素。

```
    background-color:#008fc3;
    margin-left:20px;
    width:200px;
 }
```

设置这段样式后，当鼠标移动到“关于我们”时，浏览器显示效果如图 10-5（b）所示。

将元素的 display 设置为 block 之后，不管这个 HTML 元素是何元素（如<span>），这个元素都被显示为块级元素，此元素前后会带有换行符，对这个元素的 width 和 height 的设置有效；如果元素的 display 设置为 inline，不管这个 HTML 元素是何元素（如<div>），都会被显示为行内元素，对这个元素的 width 和 height 的设置无效。

将元素的 display 设置为 inline-block，这个元素不但具有块元素的特点（width 和 height 的设置有效），而且具有行内元素特性（可以与其他行内元素处于同一行）。

当 display 设置为 table-cell 时，元素将被显示为单元格，多个 display 属性值为 table-cell 的元素位于同一行，高度相同。例 10-3 演示将元素显示为单元格。

例 10-3　10-3.html

```
<!DOCTYPE html >
<html >
<head>
      <meta charset="gb2312">
      <title>table-cell 显示效果</title>
      <style type="text/css">
      .classtd
      {
        display:table-cell;
        border:1px solid;
        width:200px;
      }
      .general
      {
        margin-top:20px;
        border:1px solid;
      }
</style>
</head>
<body>
      <div class="classtd">display 属性为 table-cell 时，元素将被显示为单元格，
无法设置 margin;</div>
      <div class="classtd">多个属性为 table-cell 的元素紧紧相邻，如同表格中一行
的多个单元格。</div>
      <div class="classtd">单元格特点:同行等高。</div>
```

```
        <div class="general" >普通元素。</div>
</body>
</html>
```

例 10-3 在浏览器中的显示效果如图 10-6 所示。

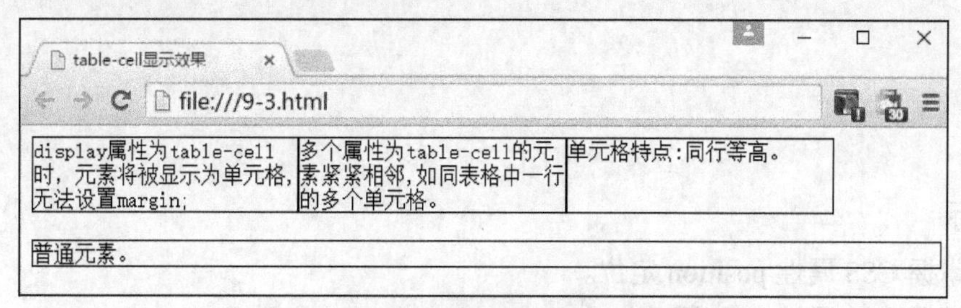

图 10-6　display 设置为 table-cell 的显示效果

本章小结

本章介绍了列表、表格与显示相关 CSS 属性，列表相关属性相对较少，专用于表格的 CSS 属性不多，但一些常见的 CSS 属性都可以用于表格，如宽度、高度、内边距、边框线等，另外 display 在网页设计中经常使用，务必理解常用属性值的含义，掌握使用方法。

第11章 CSS 定位

学习目标

- 掌握 CSS 属性 position 定位。
- 掌握 CSS 属性 float 浮动。
- 掌握 CSS 属性 clear 清楚浮动。

定位就是确定元素在网页上的位置，主要通过 position 来实现定位。浮动也对元素的位置产生影响，因此本章介绍 position 和浮动实现元素定位。从本章开始，所有的样式定义采用外部样式表，CSS 文件、图片、网页的目录结构如图 11-1 所示。

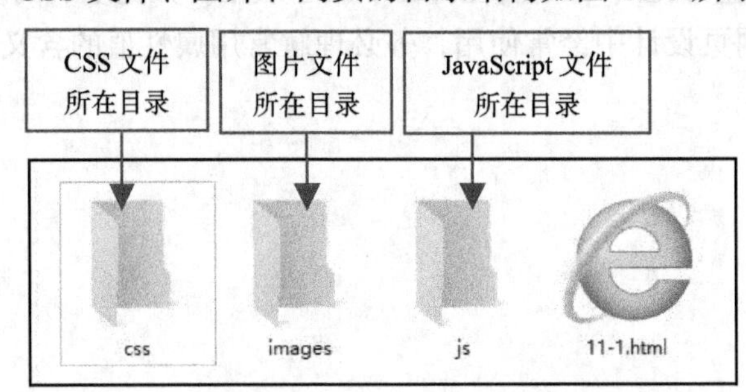

图 11-1 本章 CSS 文件、图片与网页目录结构

11.1 position 定位

CSS 有三种基本的定位机制：普通流、浮动和绝对定位。如果没有指定定位方式，元素将在普通流中定位。也就是说，普通流中的元素的位置由元素在 (X)HTML 中的位置决定，源代码中出现在前面的元素在网页的前面显示。

position 属性可以设置 4 种不同类型的定位，其取值如表 11-1 所示。

表 11-1 position 属性取值

值	备注
static	默认，普通流定位
relative	元素相对原来的位置偏移某个距离，原本所占的空间仍保留
absolute	绝对定位，元素框从文档流完全删除（原本占有的空间关闭），并相对于其定位祖先元素定位
fixed	以 body 为定位时的对象，总是根据浏览器的窗口来进行元素的定位，通过“left”“top”“right”“bottom”属性进行定位

例 11-1 演示相对定位与普通流定位的不同。

例 11-1　11-1.html

```
<!DOCTYPE html>
<html>
<head>
      <meta charset="gb2312">
      <title>相对定位</title>
      <link rel="stylesheet" type="text/css" href="css/common.css"></link>
</head>
<body>
      <h1 class="headline">全票通过!<span>姚明</span>当选新一届中国篮协主席 </h1>
      <h1 class="headline">全票通过! <span class="headerman">姚明</span>
当选新一届中国篮协主席 </h1>
</body>
</html>
```

common.css（保存在 css 文件夹中）:

```
@charset "UTF-8";
body, button, dd, div, dl, dt, form, h1, h2, h3, h4, h5, h6, html, iframe,
input, li, ol, p, select, table, td, textarea, th, ul
{
   margin: 0;
   padding: 0;
}
body, button, input, select, textarea
{
   font-size: 12px;
   font-family: "lucida grande",tahoma,verdana,arial,宋体,sans-serif;
}
.headline
{
   margin-bottom: 15px;
   font-size: 24px;
   font-family: "Microsoft Yahei";
   font-weight: 400;
   color: #1a2939;
}
.headline  .headerman
{
```

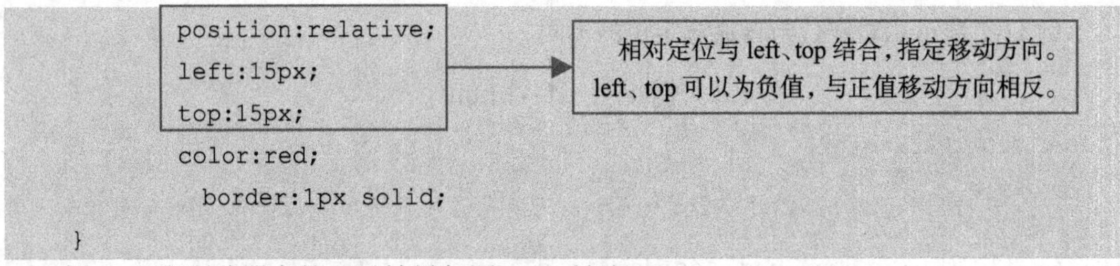

position:relative;
left:15px;
top:15px;
color:red;
border:1px solid;
}
相对定位与 left、top 结合，指定移动方向。
left、top 可以为负值，与正值移动方向相反。

例 11-1 在浏览器中的显示效果如图 11-2 所示。

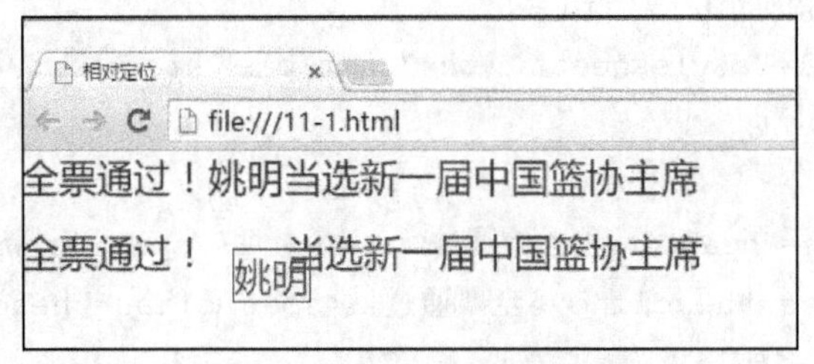

图 11-2　相对定位显示效果

从图中可以看到，<span>设置相对定位后，<span>就成为一个定位元素，<span>标签根据 left 和 top 属性的值相对<span>原来的位置产生一个偏移，而且<span>标签原来的空间仍然保留，后面的文字位于<span>原来位置的后面。定位还可以与伪类结合使用。

```
.headline  .headerman:hover
{
        position:relative;
        left:15px;
        top:15px;
    border:1px solid;
        color:red;
}
```

当鼠标移动到类 headerman 时，类 headerman 相对原来的位置产生一个偏移，具体浏览效果请读者自行输入代码查看。

绝对定位，相对于其定位祖先元素定位，所谓定位元素就是元素采用了相对定位或绝对定位，次元素就是定位元素。例 11-2 在例 11-1 的基础上对定位进行了修改，来演示绝对定位效果。

例 11-2　11-2.html

```
<!DOCTYPE html>
<html>
<head>
      <meta charset="gb2312">
      <title>绝对定位</title>
      <link rel="stylesheet" type="text/css" href="css/common2.css"></link>
</head>
<body>
```

```
        <h1 class="headline">全票通过！<span class="headerman">姚明</span>当
选新一届中国篮协主席 </h1>
    </body>
    </html>
```

common2.css：

```
    @charset "UTF-8";
    body, button, dd, div, dl, dt, form, h1, h2, h3, h4, h5, h6, html, iframe,
input, li, ol, p, select, table, td, textarea, th, ul
    {
        margin: 0;
        padding: 0;
    }
    body, button, input, select, textarea
    {
        font-size: 12px;
        font-family: "lucida grande",tahoma,verdana,arial,宋体,sans-serif;
    }
    .headline
    {
        margin-left:50px;
        margin-top: 100px;
        font-size: 24px;
        font-family: "Microsoft Yahei";
        font-weight: 400;
        color: #1a2939;
         border:1px solid;
    }
    .headline  .headerman
    {
         position:absolute;
         left:15px;
         top:15px;
         border:1px solid;
         color:red;
    }
```

采用绝对定位后，同样与 left 和 top 结合，使元素相对定位祖先元素产生一个偏移。元素原来的位置不再保留。

例 11-2 在浏览器中的显示效果如图 11-3 所示。为<span>设置绝对定位后，标签<span>首先找父元素（如<h1>），由于父元素不是定位元素，就继续找上一级的祖先元素，……，直到找到的祖先元素是定位元素，就相对于找到的定位祖先元素定位，如果所有祖先都不是定位元素，就相对于<body>定位。从图 11-3 可以看到，类 headerman 的所有祖先都不是定位元素，因此类 headerman 相对于<body>定位，向左移动 15px，向下移动 15px；同时<span>原来的位置不再保留，后面的文字前移。

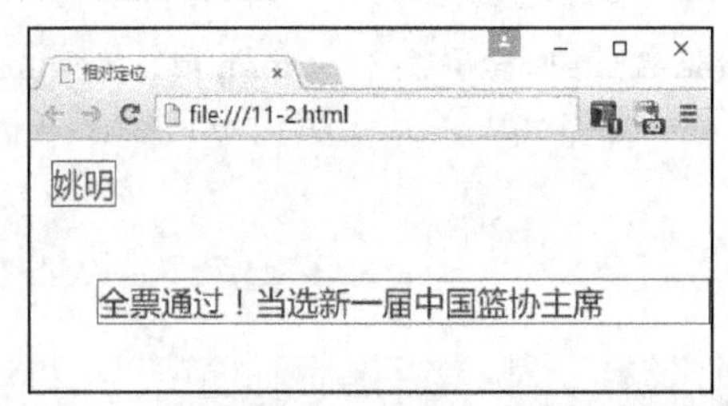

图 11-3　父元素不是定位元素的绝对定位显示效果

如果父元素是定位元素，则元素将相对父元素定位，如将例 11-2 的类 headerman 设置为定位元素：

```
.headline
{
        position:relative;
        margin-left:50px;
        margin-top: 100px;
        font-size: 24px;
        font-family: "Microsoft Yahei";
        font-weight: 400;
        color: #1a2939;
        border:1px solid;
}
```

没有设置 left 和 top 等，则相对原来位置没有偏移，但是已经是定位元素。

则例 11-2 中的<span>的父元素是定位元素，<span>将相对于父元素进行定位，相对父元素向左移动 15px，向下移动 15px，在浏览器中的显示效果如图 11-4 所示。

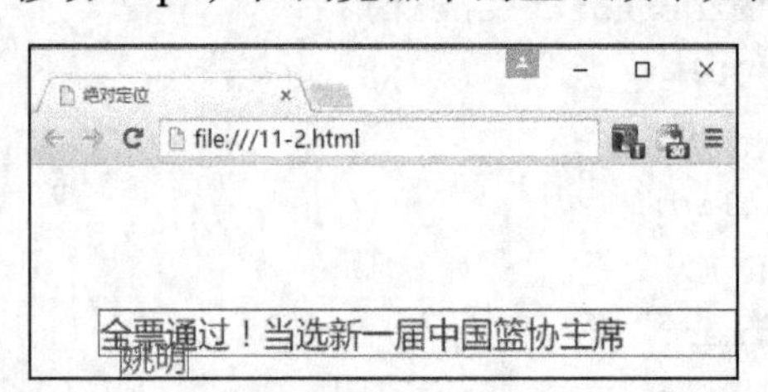

图 11-4　父元素是定位元素的绝对定位显示效果

这种定位经常出现在下拉菜单中，例 11-3 演示用绝对定位实现下拉菜单。

例 11-3　11-3.html

```
<!DOCTYPE html >
<html>
<head>
<meta http-equiv="Content-Type" mrc="text/html; charset=gb2312" />
<link rel="stylesheet" type="text/css" href="css/common3.css" />
</head>
<body>
<div class="menu">
    <ul>
```

```
        <li><a class="hide"  href="index.html">首页</a></li>
        <li><a class="hide"  href="page.html">关于我们</a>
          <ul>
            <li><a href="page.html">关于合作建房</a></li>
            <li><a href="page.html">企业文化</a></li>
            <li><a href="page.html">企业荣誉</a></li>
            <li><a href="page.html">核心理念</a></li>
          </ul>
        </li>
      </div>
    </body>
    </html>
```

common3.css：

```
    @charset "utf-8";
    body, button, dd, div, dl, dt, form, h1, h2, h3, h4, h5, h6, html, iframe,
input, li, ol, p, select, table, td, textarea, th, ul
    {
      margin: 0;
      padding: 0;
    }
    body, button, input, select, textarea
    {
      font-size: 12px;
      font-family: "lucida grande",tahoma,verdana,arial,宋体,sans-serif;
    }
    .menu
     {
        width: 90px;
        margin-top: 5px;
        background-color:#35dad4;
    }
    .menu  ul
    {
        list-style-type:none;
    }
    .menu  ul  li
    {
        position:relative;
        width: 90px;
        height:30px;
        line-height:30px;
    }
    .menu  ul  li  a
```

设置相对定位后，<li>中的嵌套<ul>设置为绝对定位后就可以相对<li>定位。

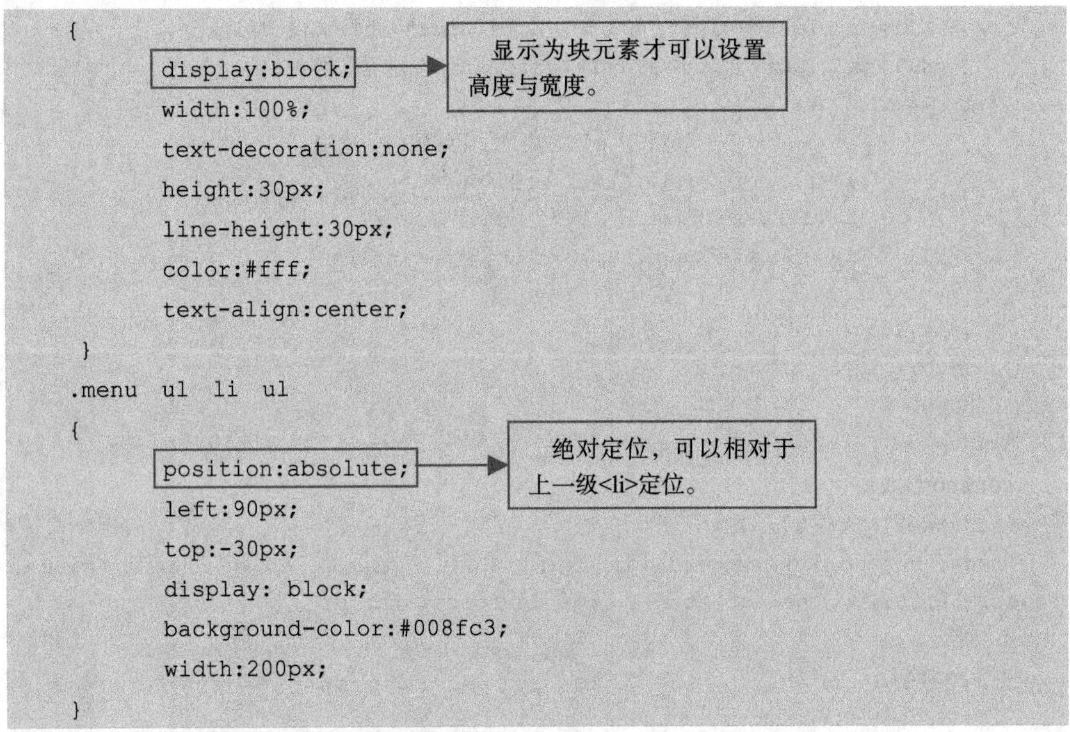

```
{
        display:block;
        width:100%;
        text-decoration:none;
        height:30px;
        line-height:30px;
        color:#fff;
        text-align:center;
 }
.menu  ul  li  ul
{
        position:absolute;
        left:90px;
        top:-30px;
        display: block;
        background-color:#008fc3;
        width:200px;
}
```


例 11-3 在浏览器中的显示效果如图 11-5 所示。

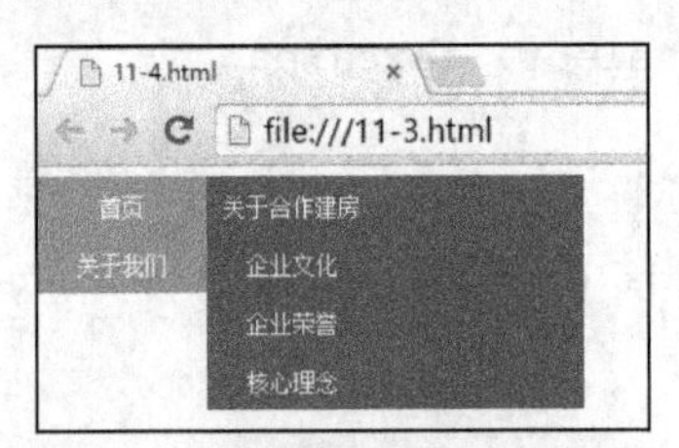

图 11-5　嵌套列表绝对定位

可以完善 css 代码，嵌套列表在平时隐藏，当鼠标移动到上一级列表时显示。

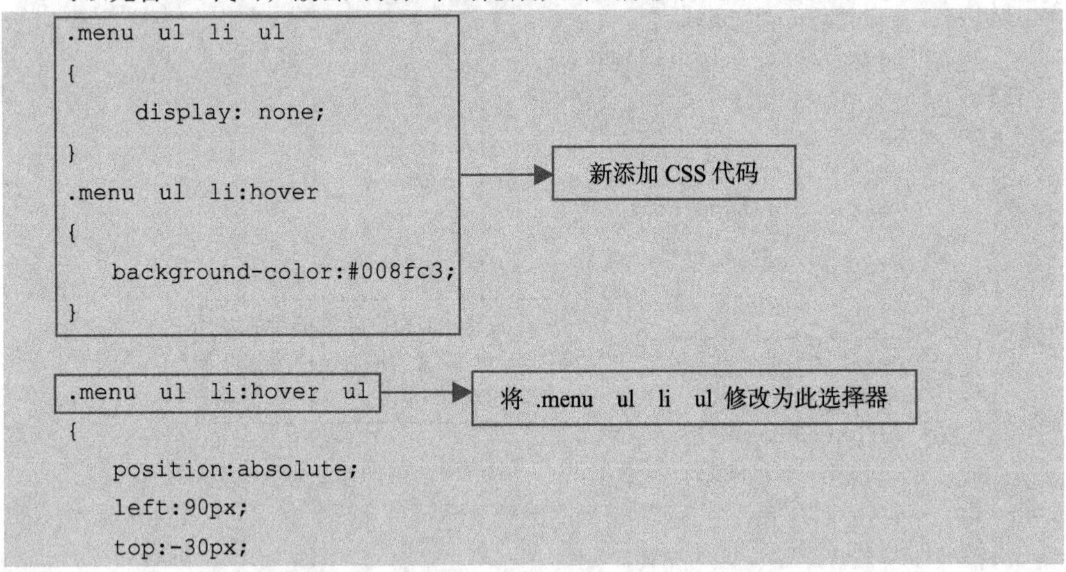

```
.menu  ul  li  ul
{
     display: none;
}
.menu  ul  li:hover
{
   background-color:#008fc3;
}

.menu  ul  li:hover  ul
{
   position:absolute;
   left:90px;
   top:-30px;
```

```
    display: block;
    background-color:#008fc3;
    width:200px;
}
```

完善代码后，平常情况下嵌套列表隐藏，如图 11-6 所示。

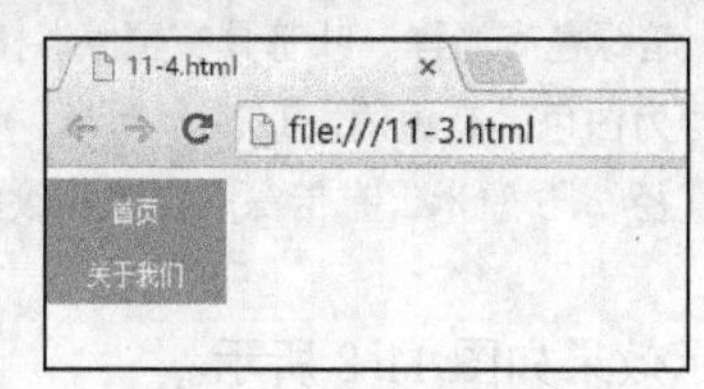

图 11-6　隐藏嵌套列表

当鼠标移动到“关于我们”时，嵌套列表显示，效果如图 11-5 所示。

fixed 固定定位，元素将相对于浏览器边框定位，如常用的百度页面，在向下滚动时，搜索框固定在页面顶端，如图 11-7 所示。

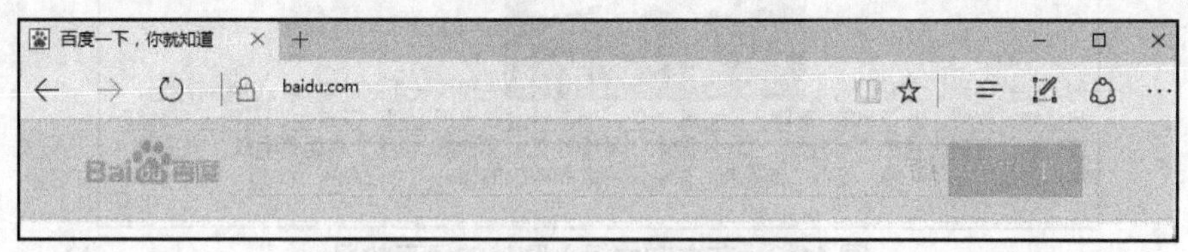

图 11-7　采用固定定位的搜索框

下面的 CSS 代码实现固定定位，同样如果需要元素偏移一定的位置，需要设置 left 和 top 属性。

```
#s_top_wrap {
    position: fixed;
    top: 0px;
    left: 0px;
    height: 74px;
    width: 100%;
}
```

11.2 浮动

CSS 属性 float 用于设置浮动，其取值如表 11-2 所示。

表 11-2　float 属性取值

值	备注
left	元素向左浮动
right	元素向右浮动
none	默认，不浮动
inherit	从父元素继承 float 属性

浮动能让元素脱离文档流，向左或向右移动。最初浮动用于图片，设置将图片浮动后文字环绕图片。下面的代码是在文字中插入一张图片。

```
<div >
    桃(学名：Amygdalus persica L.)：蔷薇科、桃属植物。落叶小乔木；叶为窄椭圆形至披针形,长 15 厘米,宽 4 厘米,<img src="images/timg.jpg" width="200" height="100"/>先端成长而细的尖端，边缘有细齿，暗绿色有光泽，叶基具有蜜腺；树皮暗灰色，随年龄增长出现裂缝；花单生，从淡至深粉红或红色，有时为白色，有短柄，直径 4 厘米，早春开花；近球形核果，表面有毛茸，肉质可食，为橙黄色泛红色，直径 7.5 厘米，有带深麻点和沟纹的核，内含白色种子。
</div>
```

此段代码在浏览器中的显示效果如图 11-8 所示。

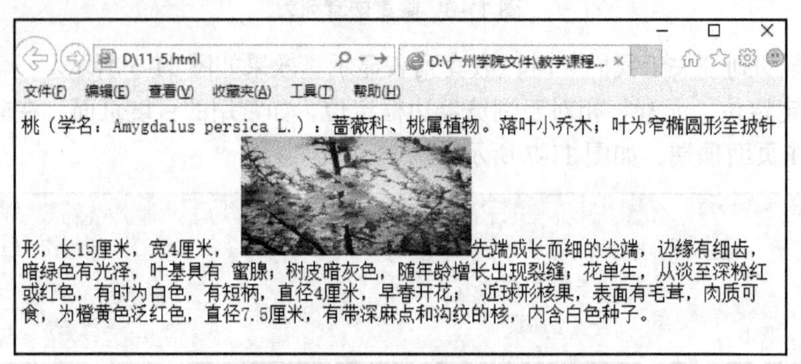

图 11-8　在文字中插入图片的显示效果

可以看到，图片跟文字位于同一行，图片所在行的高度由图片的高度所在这一行中高度的元素——图片决定。如果设置图片浮动：

```
<img src="images/timg.jpg" width="200" height="100" style="float:left;"/>
```

则图片将向左浮动到父元素里的最左边，父元素中的文字环绕图片，效果如图 11-9 所示。

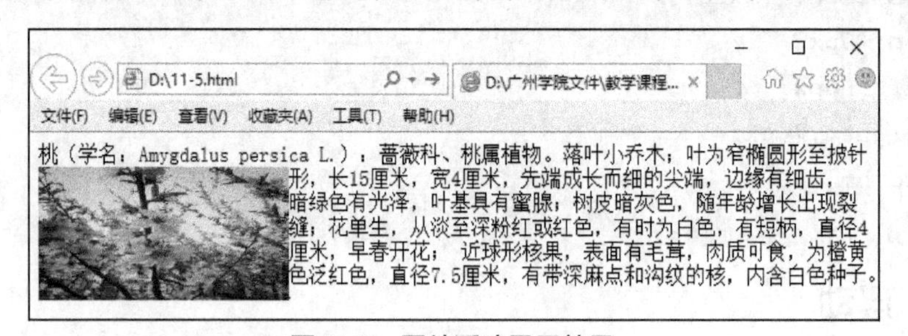

图 11-9　图片浮动显示效果

现在浮动不仅用于图文混排，还可以将任意 HTML 元素设置浮动来达到特定的排版效果。浮动的框可以向左或向右移动，直到它的外边缘碰到包含框或另一个浮动框的边框为止。例 11-4 演示设置 div 浮动实现布局。

例 11-4　11-4.html

```
<!DOCTYPE html >
<html>
<head>
```

```
<meta http-equiv="Content-Type" mrc="text/html; charset=gb2312" />
<title>元素浮动</title>
<link rel="stylesheet" type="text/css" href="css/common4.css"/>
</head>
<body>
<div class="main" >
   <div class="float">1</div>
   <div class="float">2</div>
   <div class="float">3</div>
   <div class="float">4</div>
   <div class="float">5</div>
</div>
</body>
</html>
```

common4.css：

```
@charset "utf-8";
body, button, dd, div, dl, dt, form, h1, h2, h3, h4, h5, h6, html, iframe,
input, li, ol, p, select, table, td, textarea, th, ul
{
    margin: 0;
    padding: 0;
}
body, button, input, select, textarea
{
    font-size: 12px;
    font-family: "lucida grande",tahoma,verdana,arial,宋体,sans-serif;
}
.main
 {
        width: 600px;
      height:400px;
        margin:10px auto 10px auto;
        border:1px solid;
}
.float
{
       float:left;
       width:250px;
       height:100px;
       border:1px dashed;
```

```
        margin-left:5px;
        margin-top:3px;
    }
```

例 11-4 在浏览器中的显示效果如图 11-10 所示。

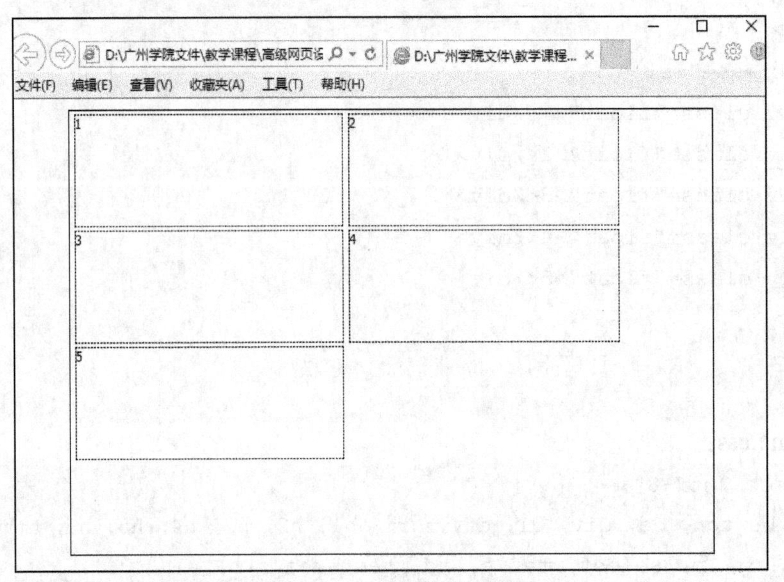

图 11-10　div 浮动效果

从图 11-10 可以看到，第一个子 div 向左浮动，遇到父元素边框时停止；第二个子 div 向左浮动，遇到父元素的边框线，试图移动到上一排，由于第一排剩下的空间足够（600px-1px*2 -250px-5px=343px），所以第二个子 div 移动到第一排遇到第一个子 div 的边框时停止，此时这两个子 div 并排排列；第三个 div 也向左浮动，遇到父元素的边框线是试图向上移动与前面的 div 位于同一排，但第一排空间不够（600px-1px*4 -250px*2-5px*2=86px），因此第三个 div 不能移动到上一排，只能位于第二排；其他子 div 的情况依次类推。利用浮动的特性，可以给页面布局，页面部分如图 11-11 所示，就是通过浮动设置多个 div 并排排列。

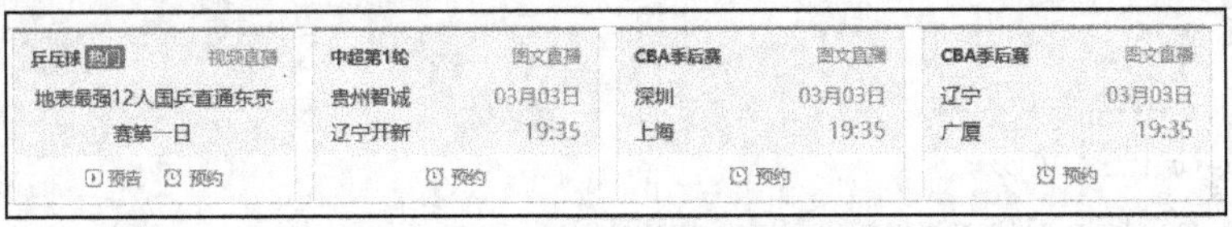

图 11-11　浮动实现页面布局

由于浮动框不在文档的普通流中（脱离文档流），所以文档的普通流中的块框表现得就像浮动框不存在一样。如例 11-4 中如果类 main 不设置高度，即将 CSS 代码

```
height:400px;
```

删除，此时例 11-4 在浏览器中的显示效果如图 11-12 所示。

可以看到，如果父元素没有设置高度，由于子元素全部设置了浮动，因此父元素表现的像子元素不存在，内容为空，所以高度为 0，父元素的上下边框线紧挨在一起，看起来就像一条直线。

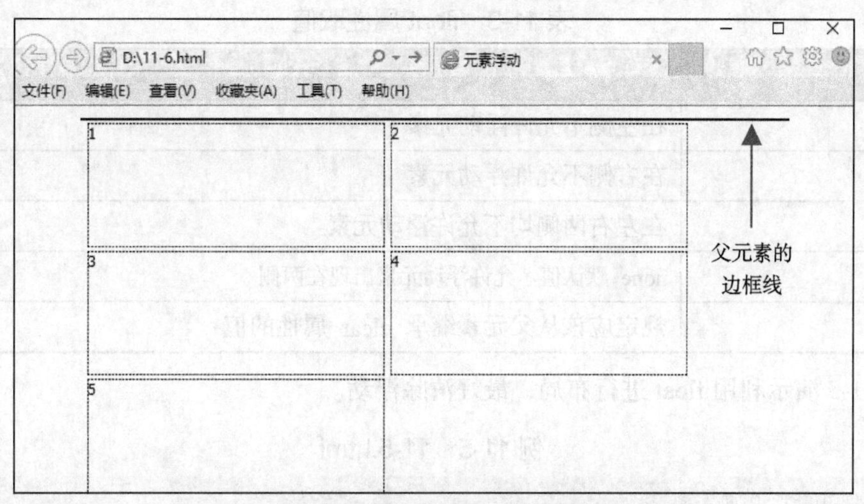

图 11-12 浮动元素的父元素没有设置高度的效果

使用浮动后，应该清除浮动。clear 属性规定元素的哪一侧不允许其他浮动元素，取值如表 11-3 所示。为了避免出现图 11-12 中的情况，可以在最后一个浮动元素后清除浮动，添加清除浮动代码后的主要 HTML 代码如下：

```
<div class="main" >
   <div class="float">1</div>
   <div class="float">2</div>
   <div class="float">3</div>
   <div class="float">4</div>
   <div class="float">5</div>
   <div style="height:0px;clear:left;"></div>
</div>
```

此时的网页显示效果如图 11-13 所示。

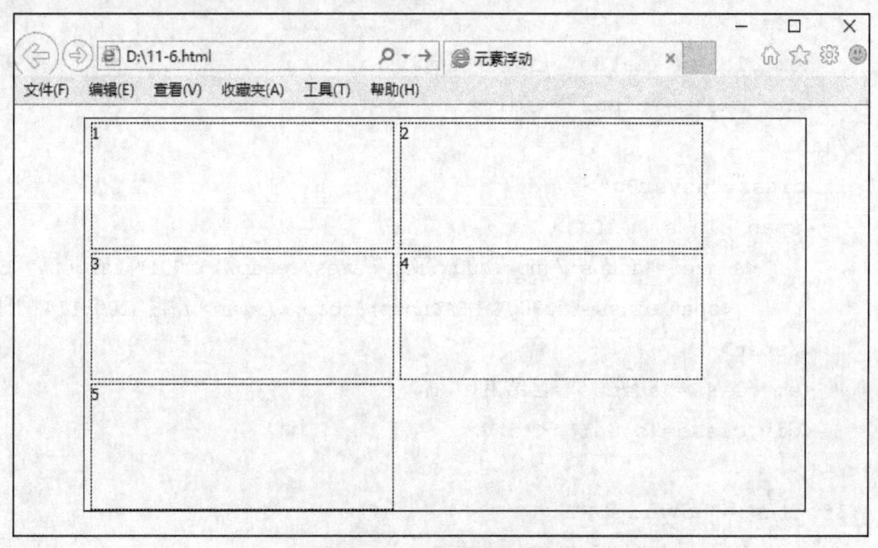

图 11-13 清除浮动效果

表 11-3　float 属性取值

值	备注
left	在左侧不允许浮动元素
right	在右侧不允许浮动元素
both	在左右两侧均不允许浮动元素
none	none 默认值。允许浮动元素出现在两侧
inherit	规定应该从父元素继承 clear 属性的值

例 11-5 演示利用 float 进行布局，最好清除浮动。

例 11-5　11-5.html

```
<!DOCTYPE html >
<html>
<head>
<meta http-equiv="Content-Type" mrc="text/html; charset=gb2312" />
<title>清除浮动</title>
<link rel="stylesheet" type="text/css" href="css/common5.css"/>
</head>
<body>
<div class="boxscore" >
  <ul class="list">
     <li class="hoverBg">
        <span class="info">
            <a href="https://nba.hupu.com/games/recap/151999" target="_blank" >
               <span class="ft900">NBA  </span> 勇士 87:94 公牛 </a>
        </span>
        <em class="status">已结束</em>
        <div class="clear"></div>
    </li>
    <li class="hoverBg">
        <span class="info">
            <a href="https://nba.hupu.com/games/recap/152001" target="_blank" >
             <span class="ft900">NBA  </span> 雷霆 109:114 开拓者</a>
        </span>
        <em class="status">已结束</em>
        <div class="clear"></div>
    </li>
    <li class="hoverBg">
        <span class="info">
```

```
            <a href="http://g.hupu.com/soccer/report_10824777.html" target=
"_blank" >
                <span class="ft900">足球  </span>拉科 1:1 马竞 </a>
        </span>
        <em class="status">已结束</em>
        <div class="clear"></div>
      </li>
    </ul>
  </div>
  </body>
  </html>
```

common5.css：

```
  @charset "utf-8";
  body, button, dd, div, dl, dt, form, h1, h2, h3, h4, h5, h6, html, iframe,
input, li, ol, p, select, table, td, textarea, th, ul
  {
     margin: 0;
     padding: 0;
  }
  body, button, input, select, textarea
  {
     font-size: 12px;
     font-family: "lucida grande",tahoma,verdana,arial,宋体,sans-serif;
  }
  ol, ul
  {
     list-style-type: none;
  }
  a {
     text-decoration: none;
  }
  .boxscore  .list
  {
       padding-bottom:-1px;
  }
  .boxscore  .list  li {
       width:228px;
       line-height: 20px;
  }
  .boxscore  .list   .info
  {
```

```
        display: inline-block;
        float: left;
}
.ft900
{
        color: #900;
}
.boxscore  .list  .status {
        float: right;
        color: #848484;
}
.boxscore  .list  .clear
{
        height:0px;
        clear:both;
}
```

例 11-5 在浏览器中的显示效果如图 11-14 所示。

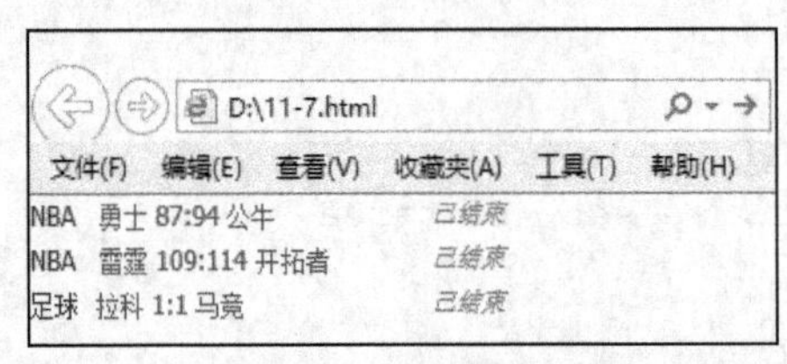

图 11-14 例 11-5 在浏览器中的显示效果

本章小结

本章介绍了网页中非常重要的定位与浮动，应用此属性能够精确控制网页元素的位置，对网页进行布局。定位与浮动也是网页设计中比较难掌握的知识点，读者在了解相关知识后需要多动手实验，掌握定位与浮动在网页设计中的实际应用。

第12章 JavaScript 基础

学习目标

- 掌握 JavaScript 变量与函数的定义。
- 掌握在网页中嵌入 JavaScript 代码的方法。
- 掌握 JavaScript 流程控制语句。

JavaScript 是一种轻量级的编程语言，已经被广泛用于 Web 应用开发，常用来为网页添加各式各样的动态功能，为用户提供更加流畅美观的浏览效果。可以通过在 HTML 网页中直接嵌入 JavaScript 脚本，来实现响应浏览器事件、读写 HTML 元素内容、验证用户提交的数据、基于 Node.js 技术进行服务器端编程等功能。

12.1 JavaScript 使用

在网页上插入 JavaScript 脚本时，脚本必须放在<script>标签中。<script>标签可以位于<body>标签和<head>标签中，一般在<head>标签中的脚本是 JavaScript 函数。下面的代码通过在<body>标签中嵌入 JavaScript 代码实现向网页输出字符串：

```
<body>
    <p>JavaScript 能够直接写入 HTML 输出流中：</p>
    <script>
        document.write("<h1>This is a heading</h1>");
        document.write("<p>This is a paragraph.</p>");
    </script>
    <p>您只能在 HTML 输出流中使用 <strong>document.write</strong>。如果您在文档已加载后使用它（比如在函数中），会覆盖整个文档。</p>
</body>
```

此代码段在浏览器中的显示效果如图 12-1 所示。

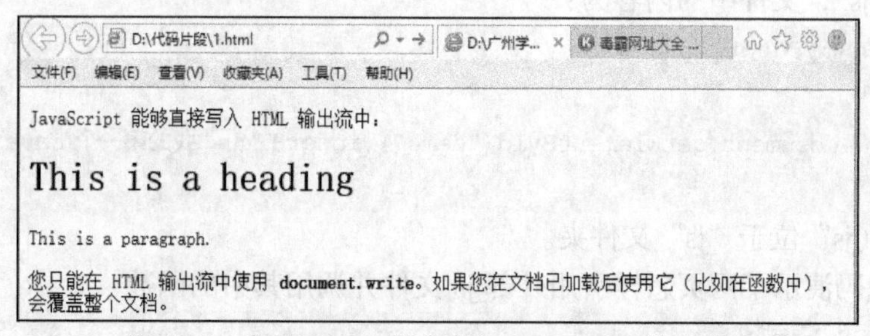

图 12-1 在<body>标签中嵌入 JavaScript 代码效果

也可以在<head>标签中定义函数，然后调用定义的函数：

```
<!DOCTYPE html>
<html>
<head>
<script>
  function myFunction()
  {
      document.getElementById("demo").innerHTML="My First JavaScript Function";
  }
</script>
</head>
<body>
  <h1>My Web Page</h1>
  <p id="demo">A Paragraph.</p>
  <button type="button" onclick="myFunction()">单击这里</button>
</body>
</html>
```

上面的代码在<head>标签中定义了函数“myFunction”，在网页中插入一个按钮，单击按钮时调用函数“myFunction”。代码段在浏览器中的显示效果如图 12-2 所示，其中图 12-2（a）为单击按钮前的显示效果，图 12-2（b）为单击按钮后的显示效果。

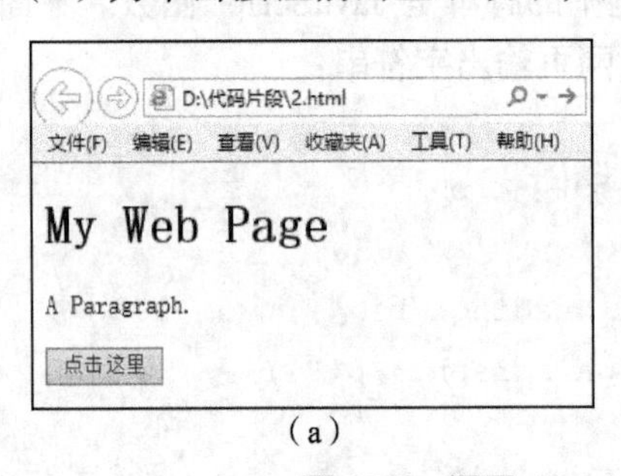

（a）

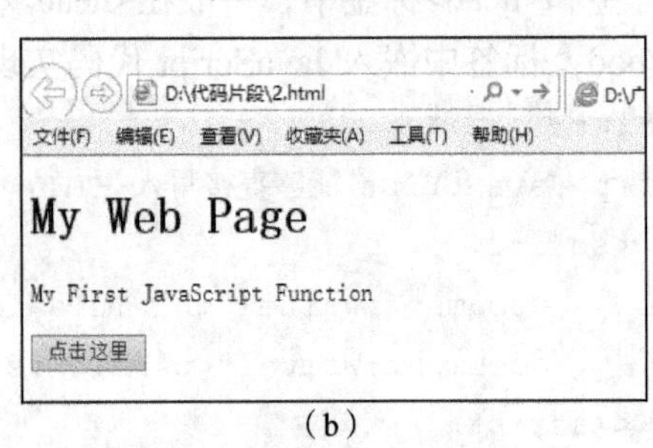

（b）

图 12-2　调用<head>标签中定义函数的浏览效果

也可以把脚本保存到外部文件中，外部 JavaScript 文件的扩展名是“.js”。在网页中要使用外部 js 文件，只需在<head>标签中设置 <script> 标签的“src”属性，设有外部 js 文件“myScript.js”，文件中的内容为：

```
function myFunction()
{
        document.getElementById("demo").innerHTML="我的第一个 JavaScript 函数";
}
```

“myScript.js”位于“js”文件夹。

下面的代码演示了网页怎样引用外部 js 文件并调用其中的函数：

```
<!DOCTYPE html>
```

```
<html>
<head>
<script src="js/myScript.js"></script>
</head>
<body>
  <h1>My Web Page</h1>
  <p id="demo">A Paragraph.</p>
  <button type="button" onclick="myFunction()">单击这里</button>
</body>
</html>
```

单击按钮时，将调用外部 js 文件的“myFunction”函数，在网页上的显示效果如图 12-2 所示。

12.2 JavaScript 基本语法

JavaScript 对大小写是敏感的，如函数 getElementById 与 getElementbyID 是不同的；同样，变量 myVariable 与 MyVariable 也是不同的。分号用于分隔 JavaScript 语句，通常，我们在每条可执行的语句结尾处添加分号：

```
var name="Hello";
var name = "Hello";
```

可以在文本字符串中使用反斜杠对代码行进行换行：

```
document.write("Hello \
World!");
```

不过，不能像下面代码这样折行：

```
document.write \
("Hello World!");
```

可以添加注释来对 JavaScript 进行解释，或者提高代码的可读性。单行注释以 // 开头：

```
// 输出标题：
document.getElementById("myH1").innerHTML="Welcome to my Homepage";
```

多行注释以 /* 开始，以 */ 结尾：

```
/*
下面的这些代码会输出
一个标题和一个段落
并将代表主页的开始
*/
document.getElementById("myH1").innerHTML="Welcome to my Homepage";
document.getElementById("myP").innerHTML="This is my first paragraph.";
```

12.2.1 JavaScript 变量

JavaScript 使用 var 关键词声明变量：

```
var carname;
```

变量必须以字母开头。变量声明之后，该变量是空的（它没有值）。如需向变量赋值，使用等号：

```
carname="Volvo";
```

也可以在声明变量时对其赋值：

```
var  carname="Volvo";
```

可以在一条语句中声明很多变量。该语句以 var 开头，并使用逗号分隔变量即可：

```
Var  name="Gates", age=56, job="CEO";
```

已经声明但没有赋值的变量，其值实际上是 undefined。在执行过以下语句后，变量 carname 的值将是 undefined：

```
var  carname;
```

JavaScript 变量类型是弱类型，变量的类型由变量的值决定，如：

```
var  name="Gates";
```

则变量 name 的类型是字符串。同一个变量赋值不同，变量的类型不同：

```
var x              // x 为 undefined
var x = 6;         // x 为数字
var x = "Bill";    // x 为字符串
```

JavaScript 只有一种数字类型。数字可以带小数点，也可以不带：

```
var  x1=34.00;      //使用小数点来写
var  x2=34;         //不使用小数点来写
```

布尔（逻辑）只能有 true 或 false 两个值：

```
var x=true;
var y=false;
```

使用 new 操作符可以创建数组和对象：

```
var cars=new Array();
cars[0]="Audi";
cars[1]="BMW";
cars[2]="Volvo";
//也可：var cars=new Array("Audi","BMW","Volvo");
```

12.2.2 JavaScript 字符串

JavaScript 字符串用于存储和处理文本，具有属性和方法。可以使用内置属性 length 来计算字符串的长度：

```
<script>
    var txt = "Hello World!";
    document.write("<p>" + txt.length + "</p>");
    var txt="ABCDEFGHIJKLMNOPQRSTUVWXYZ";
    document.write("<p>" + txt.length + "</p>");
</script>
```

上面代码段的输出分别为 12、26。字符串的常用方法如表 12-1 所示。

表 12-1 字符串常用方法

方法	描述
charAt()	返回指定索引位置的字符
concat()	连接两个或多个字符串，返回连接后的字符串
indexOf()	返回字符串中检索指定字符第一次出现的位置
lastIndexOf()	返回字符串中检索指定字符最后一次出现的位置
substr()	从起始索引号提取字符串中指定数目的字符
substring()	提取字符串中两个指定的索引号之间的字符
trim()	移除字符串首尾空白

下面的代码片段演示了调用字符串的方法：

```
var str = "HELLO WORLD";
var n = str.charAt(2)                  //L
var str1 = "Hello ";
var str2 = "world!";
n = str1.concat(str2);                // Hello world!
str="Hello world, welcome to the universe.";
n=str.indexOf("welcome");             //13
str="I am from runoob, welcome to runoob site.";
n=str.lastIndexOf("runoob");          //28
str="Hello world!";
n=str.substr(2,3)                     //llo
str="Hello world!";
document.write(str.substring(3)+"<br>");   // lo world!
document.write(str.substring(3,7));        // lo w
```

12.2.3 JavaScript 函数

JavaScript 使用关键词 function 定义函数：

```
function functionname(参数列表)
{
     执行代码
}
```

当函数有多个参数时，参数之间用逗号隔开，如：

```
function myFunction( name, job)   → 注意参数前没有 var
{
   alert("Welcome " + name + ", the " + job);
}
```

下面的代码在网页上添加一个按钮，单击按钮时调用函数 myFunction：

```
<!DOCTYPE html>
```

```
<html>
<head>
    <script>
        function  myFunction(name, job)
        {
            alert("Welcome " + name + ", the " + job);
        }
    </script>
</head>
<body>
    <p>单击这个按钮，来调用带参数的函数。</p>
    <button onclick="myFunction('Bill Gates','CEO')">单击这里</button>
</body>
</html>
```

此代码在网页上的显示效果如图 12-3 所示，函数中的 alert 为 JavaScript 内置对象 window 的一个方法，其功能是弹出一个警告框，带有确定按钮，函数的参数作为警告框的提示信息。

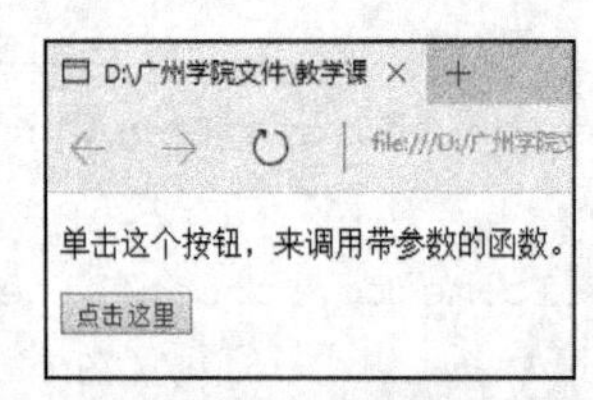

图 12-3　调用带参数的函数实例

如果函数有返回值，用 return 可以实现将某个值作为函数值返回，如：

```
function  Addition(x,y)
{
    return x+y;
}
```

下面的代码调用有返回值的函数，并将函数的返回值添加到 HTML 标签内：

```
<!DOCTYPE html>
<html>
<head>
   <script>
        function myFunction(a,b)
        {
           return a*b;
        }
   </script>
</head>
<body>
  <p>本例调用的函数会执行一个计算，然后返回结果：</p>
```

```
    <p id="demo"></p>
    <script>
        document.getElementById("demo").innerHTML=myFunction(4,3);
     </script>
  </body>
  </html>
```

此代码在浏览器中的显示效果如图 12-4 所示。

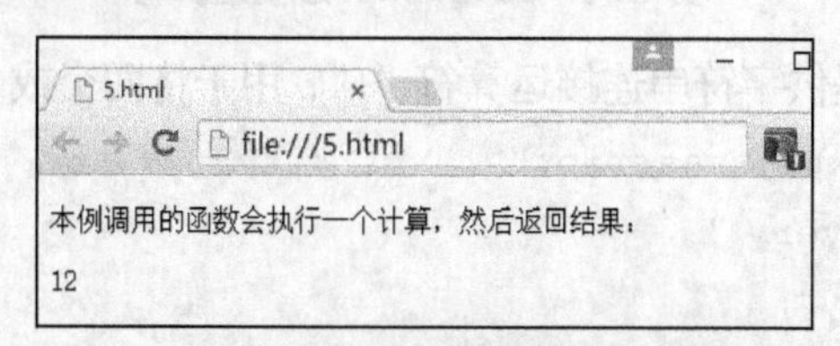

图 12-4　调用带返回值的函数实例

可以看到，ID 为“demo”的<p>标签原来内容为空，网页打开后调用 myFunction 函数，并将函数的返回值添加到<p>标签。

在 JavaScript 函数内部声明的变量（使用 var）是局部变量，只能在函数内部访问它（该变量的作用域是局部的）；在函数外声明的变量是全局变量，网页上的所有脚本和函数都能访问它。下面的代码分别定义了全局变量 x、y 和局部变量 a、b：

```
  <script>
   var x=5,y=6;
        function myFunction(a)
        {
            var b=5;
             x=8;
            return a*b+x; //x 为全局变量，a、b 为局部变量
        }
  </script>
```

12.3 JavaScript 运算符

与其他编程语言相同，JavaScript 也提供了算术运算符和赋值运算符。如图 12-5 所示介绍了所有的算术运算符与举例。

运算符	描述	例子	结果
+	加	x=y+2	x=7
-	减	x=y-2	x=3
*	乘	x=y*2	x=10
/	除	x=y/2	x=2.5
%	求余数（保留整数）	x=y%2	x=1
++	累加	x=++y	x=6
--	递减	x=--y	x=4

图 12-5　JavaScript 算术运算符

如图 12-6 所示介绍了所有的赋值运算符与举例。

运算符	例子	等价于	结果
=	x=y		x=5
+=	x+=y	x=x+y	x=15
-=	x-=y	x=x-y	x=5
*=	x*=y	x=x*y	x=50
/=	x/=y	x=x/y	x=2
%=	x%=y	x=x%y	x=0

图 12-6　JavaScript 赋值运算符

此外，JavaScript 还提供字符串连接运算符“+”，用于将两个或多个字符串变量连接起来：

```
<script type="text/javascript">
    txt1="What a very ";
    txt2="nice day";
    txt3=txt1+txt2;
</script>
```

上述代码执行后，变量 txt3 包含的值是“What a very nice day”。如果字符串与数字进行“+”运算，JavaScript 会先将数字转换为字符串再进行运算，如：

```
<script type="text/javascript">
    x="5"+5;
    document.write(x);  //"55"
</script>
```

如图 12-7 所示介绍了所有的比较运算符与举例。

运算符	描述	例子
==	等于	x==8 为 false
===	全等（值和类型）	x===5 为 true; x==="5" 为 false
!=	不等于	x!=8 为 true
>	大于	x>8 为 false
<	小于	x<8 为 true
>=	大于或等于	x>=8 为 false
<=	小于或等于	x<=8 为 true

图 12-7　JavaScript 比较运算符

如图 12-8 所示介绍了所有的逻辑运算符与举例。

运算符	描述	例子
&&	and	(x < 10 && y > 1) 为 true
||	or	(x==5 || y==5) 为 false
!	not	!(x==y) 为 true

图 12-8　JavaScript 逻辑运算符

12.4 JavaScript 流程控制

12.4.1　选择结构语句

JavaScript 流程控制语句包括选择结构语句和循环控制语句。

选择结构语句包括 if 语句和 switch 语句，本文主要介绍 if 语句，switch 语句不做介绍。

if语句有3种语句形式：

（1）第1种

```
if（条件）
  {
      只有当条件为 true 时执行的代码
  }
```

只有当指定条件为 true 时，大括号包含的代码块才会执行，如：

```
<script type="text/javascript">
  var time=20;
if (time<20)
  {
     document.write("time小于20");
  }
</script>
```

（2）第2种

```
if（条件）
  {
      只有当条件为 true 时执行的代码
  }
  else
  {
      当条件为 false 时执行的代码
  }
```

根据if后括号中条件的值为true或false执行不同的代码，如：

```
<script type="text/javascript">
  var time=20;
if (time<20)
  {
     document.write("time小于20");
  }
  else
  {
     document.write("time大于等于20");
  }
</script>
```

（3）第3种

```
if（条件1）
  {
      只有当条件1为 true 时执行的代码
  }
```

```
else if(条件2)
{
    当条件1为false并且条件2为true 时执行的代码
}
else
{
    当条件1和条件2均为false 时执行的代码
}
```

根据 if 后括号中条件的值为 true 或 false 执行不同的代码，如：

```
<script type="text/javascript">
  var time=20;
  if (time<10)
  {
    document.write("time小于10");
  }
  else if (time<20)
  {
    document.write("time大于等于10小于20");
  }
  else
  {
    document.write("time大于等于20");
  }
</script>
```

12.4.2 循环控制语句

循环控制语句包括 for 语句和 while 语句。

for 循环的语句为：

```
for (语句 1; 语句 2; 语句 3)
  {
  被执行的代码块
  }
```

如：

```
for (var i=0; i<5; i++)
{
  x=x + "The number is " + i + "<br>";
}
```

while 循环的语句为：

```
while (条件)
{
```

```
  需要执行的代码
}
```

如：

```
while (i<5)
{
  x=x + "The number is " + i + "<br>";
  i++;
}
```

本章小结

本章介绍了 JavaScript 变量定义、函数定义，以及选择结构流程控制语句与循环结构流程控制语句。通过本章的学习，读者对 JavaScript 语言语法有了基本了解，为接下来的编程学习建立良好的基础。

第13章 JavaScript应用

学习目标

- 掌握 JavaScript 浏览器对象。
- 掌握 JavaScript 文档对象模型。
- 掌握 JavaScript 事件。

通过在 HTML 网页中直接嵌入 JavaScript 脚本，可以实现响应浏览器事件，读写 HTML 元素内容，更改 HTML 元素样式等功能。本章从修改 HTML 元素内容，更改样式这两个功能出发介绍 JavaScript 中的相关内容，并进行应用编程。

13.1 JavaScript 浏览器对象

JavaScript 内置对象除了字符串、数组等对象外，还支持浏览器对象模型。

1. window 对象

所有浏览器都支持 window 对象，它表示浏览器窗口。window 对象会在 <body>出现时被自动创建。

（1）常用属性

window 对象提供 innerHeight 属性和 innerWidth 属性来访问浏览器的尺寸（不包括工具栏和滚动条），但较早版本的 IE 浏览器必须通过 document.documentElement. clientHeight 和 document.documentElement.clientWidth，或者 document.body.clientHeight 和 document. body.clientWidth 来获取浏览器的宽度与高度，因此兼容不同浏览器实现获取浏览器尺寸的代码为：

```
    var  w=window.innerWidth  ||   document.documentElement.clientWidth  ||
document.body.clientWidth;
    var  h=window.innerHeight  ||   document.documentElement.clientHeight  ||
document.body.clientHeight;
```

（2）常用方法

window.open() - 打开新窗口

window.close() - 关闭当前窗口

window.setTimeout() -在指定的时间后调用函数

window.clearTimeout() -取消指定的 setTimeout 函数将要执行的代码

windows.setInterval()-在间隔指定的时间后重复调用函数

window.clearInterval() -停止 setInterval 指定的重复调用函数

调用 window 对象的方法时，可以省略“windows.”而只写方法名。

open 方法用于打开新窗口，其调用语法为：

window.open(url, name, features, replace);

url -- 要载入窗体的 URL；

name -- 新建窗体的名称（也可以是 HTML target 属性的取值，目标）；

features -- 代表窗体特性的字符串，字符串中每个特性使用逗号分隔；

replace -- 一个布尔值，说明新载入的页面是否替换当前载入的页面，此参数通常不用指定。

```
<a href="#" onclick="window.open('page.html', 'newwindow', 'height=100,
width=400, top=0,left=0, toolbar=no, menubar=no, scrollbars=no, resizable=
no,location=no, status=no');">在已建立连接的页面打开新地址</a>
```

close 方法可以关闭当前窗口，如：

```
<input type="button" value="关闭已经打开的窗体! " onclick="window.close();" />
```

setTimeout 方法的调用格式为：

```
window.setTimeout(fun,time);
```

其中 fun 为函数体或函数名，time 为指定的时间，单位为毫秒。例 13-1 演示了在 5 秒后页面上输出文字。

例 13-1　13-1.html

```
<!DOCTYPE html>
<html>
<head>
<meta charset="gb2312">
<title>window setTimeOut 方法</title>
<script>
   function fun1()
   {
            document.write("函数 fun1 被调用");
   }
</script>
</head>
<body>
<script>
   var x=window.setTimeout(fun1,5000);
</script>
</body>
</html>
```

例 13-1 在浏览器刚打开时的显示效果如图 13-1（a）所示，5 秒后，显示效果如图 13-1（b）所示。

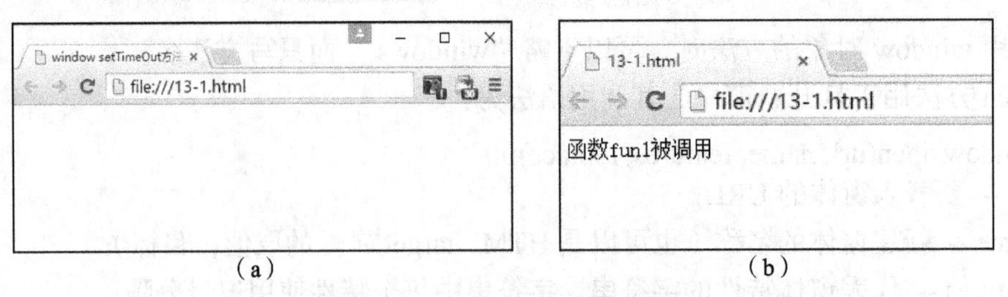

图 13-1　setTimeout 调用效果

clearTimeout 用于取消指定的 setTimeout 函数将要执行的代码，如：

```
var x=window.setTimeout(fun1,10000);
window.clearTimeout(x);
```

setInterval 方法用于在间隔指定的时间后重复调用函数，调用格式为：

```
setInterval(fun,time);
```

其中 fun 为函数体或函数名，time 指定时间，单位为毫秒。例 13-2 演示在指定时间后关闭当前窗口。

例 13-2　13-2.html

```
<!DOCTYPE html>
<html>
<head>
<meta charset="gb2312">
<title>window setInterval 方法</title>
<script>
     var counter=11;
     function fun1()
     {
          counter--;
          document.getElementById("tip").innerHTML="此窗口将在"+counter+
"秒后关闭";
          if(counter==0)
               window.close();
     }
</script>
</head>
<body>
 <div id="tip"></div>
<script>
     var x=window.setInterval(fun1,1000);
</script>
</body>
</html>
```

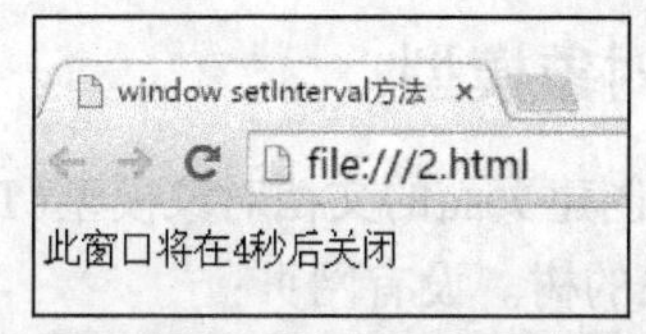

图 13-2 setInterval 调用效果

例 13-2 在浏览器中的显示效果如图 13-2 所示，在倒数 10 秒后浏览器窗口关闭。要清除定时调用效果，可以调用 clearInterval：

```
var x=window.setInterval(fun1,1000);
window. clearInterval(x);
```

2. screen 对象

screen 对象包含有关用户屏幕的信息。screen 对象的主要属性有 availWidth 和 availHeight，availWidth 属性返回访问者屏幕的宽度，以像素计，减去界面特性，比如窗口任务栏；availHeight 属性返回访问者屏幕的高度，以像素计，减去界面特性，比如窗口任务栏。如：

```
<script>
    document.write("可用宽度：" + screen.availWidth);
    document.write("可用高度：" + screen.availHeight);
</script>
```

3. location 对象

location 对象用于获得当前页面的地址（URL），并把浏览器重定向到新的页面。其主要属性有：

location.hostname 返回 Web 主机的域名

location.pathname 返回当前页面的路径和文件名

location.port 返回 Web 主机的端口（80 或 443）

location.protocol 返回所使用的 Web 协议（http:// 或 https://）

如：

```
document.write(location.href+"<br />");
document.write(location.pathname+"<br />");
document.write(location.protocol);
```

其输出为：

```
file:///C:/Users/qin/Desktop/13-2.html
/C:/Users/qin/Desktop/13-2.html
file:
```

同时还可以通过给 href 属性赋值实现网页的跳转：

```
location.href="http://www.baidu.com";
```

此条语句执行后，页面将跳转到百度页面，可以将 href 属性设置与 window 对象的 setInterval 结合起来实现一定时间后的页面自动跳转，具体操作请读者结合例 13-2 来自行实现。

13.2 JavaScript 文档对象模型

当网页被加载时，浏览器会创建页面的文档对象模型（Document Object Model，DOM），HTML DOM 模型被构造为对象的树。设有网页：

```
<html>
<head>
<title>文本标题</title>
</head>
<body>
 <a href="http://www.gcu.edu.cn"  id="nav"  class="nav1">我的链接</a>
 <h1 id="demo" class="content">我的标题</h1>
</body>
</html>
```

当这个网页被加载后，浏览器会构造一个 DOM 模型如图 13-3 所示。

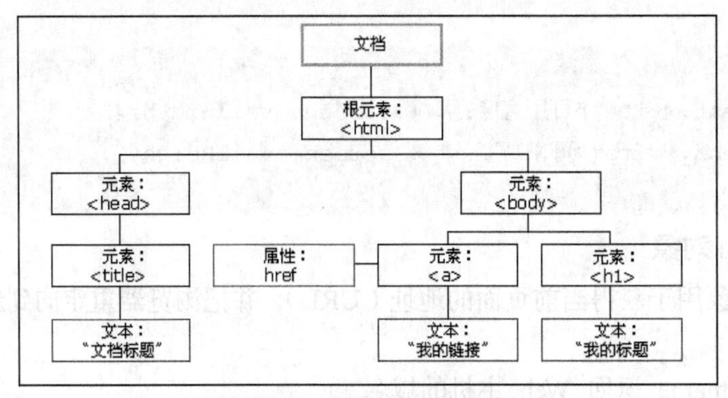

图 13-3　文档对象模型示例

1. 查找元素

JavaScript 能够改变页面中的所有 HTML 元素、改变页面中的所有 HTML 属性、改变页面中的所有 CSS 样式。更改元素时必须查找元素，常用的查找元素的方法有三种，可以通过 HTML 元素的 ID、类名和标签名来查找元素，最常用的是通过 ID 查找 HTML 元素，如：

```
var x=document.getElementById("nav");
```

如果找到该元素，则该方法将以对象（在 x 中）的形式返回该元素。如果未找到该元素，则 x 将包含 null。

2. 更改元素

修改 HTML 元素内容最简单的方法是设置查找到的元素的 innerHTML 属性。如：

```
var p=document.getElementById("nav");
p.innerHTML="word";
```

利用 JavaScript 还可以获取、设置元素的属性，如获取超链接的 href 属性，获取元素的类名，更改图片的 src 属性等。下面的代码演示了怎样获取和设置元素属性。

```
<!DOCTYPE html>
<html>
    <head>
        <meta http-equiv="Content-Type" content="text/html; charset=utf-8" />
        <style type="text/css">
            .bd
            {
                background-color:yellow;
            }
            .ft{
                background-color:green;
            }
        </style>
    </head>
    <body>
        <div id="myDiv" class="bd"  title="我是 div">
            <img id="img1" />
            <a id="myA"  href = "http://www.baidu.com">百度</a>
        </div>
        <script>
        var div = document.getElementById("myDiv");
        var img = document.getElementById("img1");
        var a = document.getElementById("myA"); //取得元素特性
        alert(div.id); //"myDiv"
        alert(div.className); //"bd"
        alert(div.title); //"我是 div"
        alert(a.href); //http://www.baidu.com
        div.id = "myDiv2"; //id 改为"myDiv2"
        div.className = "ft"; //class 改为"ft"，元素的背景色变为绿色
        div.title = "我是 myDiv2"; //title 改为"我是 myDiv2"
        div.align = "center"; //设置居中对齐
        img.src ="images/img1.gif"; //设置图片路径
        a.innerHTML ="新浪"; //"百度"改为"新浪"
        a.href = "http://www.sina.com.cn"; //重新设置超链接
        </script>
    </body>
</html>
```

可以看到 JavaScript 可以修改找到的 HTML 元素的各种属性，读者可以利用这种特性和 Windows 对象的 setInterval 方法实现图片的轮播，每隔一个时间段更改网页上显示的图片。

元素的属性有些是某些元素特有的，其他元素没有，如 href 属性就是<a>和<script>等少数标签特有的属性，其他标签不具有此属性；src 属性是<img>等少数标签特有的，其他

标签不具有此属性，在设置元素属性时一定要注意元素节点具有什么属性才能设置此属性。下面是所有元素节点常用的通用属性：

element.id　　设置或返回元素的 id

element.innerHTML　　设置或者返回元素的内容，可包含节点中的子标签以及内容

element.innerText　　设置或者返回元素的内容，不包含节点中的子标签以及内容

element.className　　设置或者返回元素的类名

element.nodeName　　返回该节点的大写字母标签名

element.nodeType　　返回该结点的节点类型，1 表示元素节点；2 表示属性节点……

element.nodeValue　　返回该节点的 value 值，元素节点的 value 值为 null

element.childNodes　　返回元素的子节点的 nodeslist 对象，nodeslist 类似于数组，有 length 属性，可以使用方括号 [index] 访问指定索引的值

element.firstChild/element.lastChild　返回元素的第一个/最后一个子节点（包含注释节点和文本节点）

element.parentNode　　返回该结点的父节点

element.previousSibling 返回与当前节点同级的上一个节点（包含注释节点和文本节点）

element.nextSibling　　返回与当前节点同级的下一个节点（包含注释节点和文本节点）

element.chileElementCount：返回子元素（不包括文本节点以及注释节点）的个数

element.firstElementChild /lastElementChild　返回第一个/最后一个子元素（不包括文本节点以及注释节点）

element.previousElementSibling/nextElementSibling　返回前一个/后一个兄弟元素（不包括文本节点以及注释节点）

element.clientHeight/clientWidth　返回内容的可视高度/宽度（不包括边框，边距或滚动条）

element.offsetHeight/offsetWidth /offsetLeft/offsetTop 返回元素的高度/宽度/相对于父元素的左偏移/右偏移（包括边框和填充，不包括边距）

3. 改变 HTML 元素的样式

用 JavaScript 改变 HTML 元素的样式的语法：

```
document.getElementById(id).style.property= value
```

如：

```
<p id="p2">Hello World!</p>
<script>
    document.getElementById("p2").style.color="blue";
</script>
```

也可以在按钮的单击事件中修改样式：

```
<h1 id="id1">My Heading 1</h1>
    <button type="button" onclick="document.getElementById('id1').
style.color='red'">
        单击这里</button>
```

需要注意的是，利用 JavaScript 改变 HTML 元素语法中的 property 为 JavaScript 中定义的修改元素样式的属性名，不是 CSS 中的属性。如设置背景色的属性为 backgroundColor，而不是 background-color；设置元素的字体大小的属性为 fontSize，而不是 font-size，请读者一定要注意。具体设置元素样式的 style 对象的属性可以参考“http://www.w3school.com.cn/jsref/dom_obj_style.asp”。下面的代码演示单击按钮是调用 JavaScript 函数设置 body 的背景色。

```
<html>
<head>
<style type="text/css">
    body
    {
        background-color:#B8BFD8;
    }
</style>
<script type="text/javascript">
function changeStyle()
{
    document.body.style.backgroundColor="#FFCC80";
}
</script>
</head>
<body>
<input type="button"  onclick="changeStyle()"  value="Change background
color" />
</body>
</html>
```

4. 事件

HTML DOM 使 JavaScript 有能力对 HTML 事件作出反应。在事件发生时执行 JavaScript，比如当用户在 HTML 元素上单击时。HTML 常见事件有：用户单击鼠标、网页已加载完成、鼠标移动到元素上、输入字段被改变、提交 HTML 表单等。在修改元素样式的例子中已经演示了单击事件，下面分别举例说明其他事件的使用。

onload 事件会在页面或图像加载完成后立即发生。下面的代码使用 onload 在页面完成加载时在状态栏显示一段文本。

```
<html>
<head>
<script type="text/javascript">
    function load()
    {
        window.status="Page is loaded"
```

```
    }
</script>
</head>
<body onload="load()">
</body>
</html>
```

onchange 事件常结合对输入字段的验证来使用，如对用户输入的信息进行判断，下面的代码演示了对用户输入的用户名进行合法性验证。

```
<!DOCTYPE html>
<html>
<head>
<script>
    function myFunction()
    {
        var username=document.getElementById("fname");
        if(username.value.length<8)
        alert("长度不能小于 8 位");
    }
</script>
</head>
<body>
    请输入用户名：<input type="text" id="fname"  onchange="myFunction()">
</body>
</html>
```

上面的代码中，文本框的 value 属性可以获取用户在文本框中的输入，其类型为字符串。

onmouseover 和 onmouseout 事件可用于在用户的鼠标移至 HTML 元素上方或移出元素时触发函数。下面的代码演示在 div 按下鼠标时改变 div 的背景色，更改文字。

```
<!DOCTYPE html>
<html>
<body>
<div onmousedown="mDown(this)"  onmouseup="mUp(this)"  style="
    background-color: green; color:#ffffff;width:90px;height:20px;padding:40px;
    font-size:12px;">请单击这里
</div>
<script>
function mDown(obj)
{
    obj.style.backgroundColor="#1ec5e5";
    obj.innerHTML="请释放鼠标按钮"
```

在此 div 上按下鼠标时调用 mDown 函数，参数 this 表示 div 本身。

obj 为函数的参数，在此例中将 div 作为参数，因此本例的 obj 表示被单击的 div。

```
}
function mUp(obj)
{
    obj.style.backgroundColor="green";
    obj.innerHTML="请按下鼠标按钮"
}
</script>
</body>
</html>
```

13.3 JavaScript 编程应用实例——滚动图片

结合 JavaScript 对网页元素属性的修改、事件响应可以制作多种动态效果，使网页更具有动感，本节介绍怎样制作滚动图片。制作滚动图片的代码如例 13-3 所示，在本例中，与 11-3.html 同目录的“images”文件夹中存储了 6 张图片，图片名为，“1.jpg”“2.jpg”“3.jpg”“4.jpg”“5.jpg”“6.jpg”，每张图片的尺寸为 200px × 300px。

例 13-3　13-3.html

```
<!DOCTYPE html >
<html>
<head>
<meta http-equiv="Content-Type" content="text/html; charset=gb2312" />
<title>图片滚动</title>
</head>
<style type="text/css">
<!--
   #content_wrap {
   background: #FFF;
   overflow:hidden;          设置元素内超出元素宽度的内容不显示。
   border: 1px dashed #CCC;
   width: 950px;
}
#content_wrap  img {
   border: 3px solid #F2F2F2;   设置图片的边框线，使图片与图片之间看起来有一个白色的空白间距。
   width:200px;
}
#contain {
float: left;
width: 400%;            将元素的宽度设置足够大，使此元素内两个浮动元素能处于同一行（排）。
}
#scroll_img {
```

```
float: left;
}
#scroll_img_cp {
float: left;
}
-->
</style>
<body>
<div id="content_wrap">
   <div id="contain">
      <div id="scroll_img">
           <a href="#"><img src="images/1.jpg" border="0" /></a>
           <a href="#"><img src="images/2.jpg" border="0" /></a>
           <a href="#"><img src="images/3.jpg" border="0" /></a>
           <a href="#"><img src="images/4.jpg" border="0" /></a>
           <a href="#"><img src="images/5.jpg" border="0" /></a>
           <a href="#"><img src="images/6.jpg" border="0" /></a>
        </div>
        <div id="scroll_img_cp"></div>
      </div>
</div>
<script>
<!--
      var speed=10; //设置滚动速度，更改变量的值滚动速度不同。
      var tab=document.getElementById("content_wrap");
      var tab1=document.getElementById("scroll_img");
      var tab2=document.getElementById("scroll_img_cp");
      tab2.innerHTML=tab1.innerHTML; //设置两个 div 中的内容相同，都是 6 张图片。
      function Marquee(){
         //如果 tab2 元素节点滚动到了 tab 的左边框线位置
         if(tab2.offsetWidth-tab.scrollLeft<=0)
              //将 tab1 移动到 tab 的左边框线位置
              tab.scrollLeft-=tab1.offsetWidth
         else{
              //tab 中的图片向左滚动
              tab.scrollLeft++;
            }
         }
         var MyMar=setInterval(Marquee,speed);
         tab.onmouseover=function() {clearInterval(MyMar)};
         tab.onmouseout=function() {MyMar=setInterval(Marquee,speed) };
```

```
-->
</script>
</body>
</html>
```

例 13-3 在浏览器中的显示效果如图 13-4 所示。

图 13-4　例 13-3 在浏览器中的显示效果

读者可以下载本例中的图片，在浏览器中查看图片滚动效果，读者还可以自己编程实现网页版计算器。

13.4 JavaScript 编程应用实例——表单验证

网页通过表单收集用户数据，在网页将收集到的数据提交给服务器之前，需要对用户输入的数据进行有效性验证，确保将有效数据发送给服务器。常用的数据有效性验证包括用户名与密码验证、电话号码验证、电子邮箱验证等，例 13-4 演示对表单中的用户名、密码和邮箱进行简单验证，需要说明的是，复杂的验证需要用到正则表达式，有兴趣的读者可以自己查阅相关内容。

例 13-4　13-4.html

```
<!DOCTYPE html>
<html>
<head>
<meta charset="utf-8">
<title>表单验证</title>
<head>
<style type="text/css">
        body,div,p,span,input
        {
          margin:0px;
          padding:0px;
```

```
        }
        .normalBorder:
        {
          border:1px solid;        → 表单数据输入有效时，元素边框线为黑色。
        }
        .invalidBorder
        {
          border:1px solid red;    → 表单数据输入无效时，元素边框线为红色。
        }
      p{
          position:relative;       → 将 p 设置为相对定位。
          margin-top:20px;
        }
        p span
        {
          display:inline-block;    → 设置为 inline-block 才能设置宽度。
          width:80px;
          text-align:right;
        }
        p  input
        {
          position:absolute;       → 由于 p 为相对定位，p 中的 input 标签设置为绝对定位,因此 p 中的 input 相对于 p 进行定位。
          left:100px;
          width:200px;
          height:20px;
        }
        p #tip_username,p #tip_pwd,p #tip_repwd,p #tip_email
        {
          position:absolute;       → 由于 p 为相对定位,p 中的子元素设置为绝对定位后,p 中的子元素将相对于 p 进行定位。
          left:310px;
          width:120px;
          text-align:left;
        }
</style>
<script>
function checkName(name)
{
      var username=document.getElementById(name);
        if(username.value==null||username.value==""||username.value.length<8)
        {
          document.getElementById(name).className="invalidBorder";   → 设置元素的 CSS 类类名
```

```
            if(username.value==null||username.value=="")
                document.getElementById("tip_"+name).innerHTML ="不能为空";
            else
                document.getElementById("tip_"+ name).innerHTML="不能少于8位";
            return false;                                    设置输入框后的提示文字
        }
        else{
            document.getElementById(name).className="normalBorder";
            document.getElementById("tip_"+name).innerHTML="";
        }
        return true;
    }
    function checkReapPwd(pwd,re_pwd)
    {
        if(checkName(re_pwd)==false)return false;
        if(document.getElementById(pwd)!=document.getElementById(re_pwd))
        {
            document.getElementById(re_pws).className="invalidBorder";
          document.getElementById("tip_"+re_pwd).innerHTML="两次输入密码必
须相同";
          return false
        }
        else
        {
            document.getElementById(re_pws).className="normalBorder";
          document.getElementById("tip_"+re_pwd).innerHTML="";
          return false;
        }

    }
    function checkMail(name)
    {
        var  email=document.getElementById(name).value;
        var atpos=email.indexOf("@");
        var dotpos=email.lastIndexOf(".");
        if (atpos<1 || dotpos<atpos+2 || dotpos+2>=x.length){
          document.getElementById(name).className="invalidBorder";
          document.getElementById("tip_"+name).innerHTML="非法邮箱地址";
          return false;
        }
        else
```

```
            return true;
    }
    function validateForm(){
        if(checkMail("email")==true)
            if(checkName("username")&&checkName("pwd")&&checkReapPwd("pwd",
"repwd"))
                return true;
        return false;
    }
    </script>
    </head>
    <body >
    <form name="myForm" action="demo-form.php" onsubmit="return validateForm();
"method="post">
     <p><span>Email:</span> <input type="text" name="email" id="email"/>
            <span style="color:red;" id="tip_email"></span></p>
    <p><span > 用户名:</span> <input type="text" name="username" id="username"/>
            <span style="color:red;" id="tip_username"></span></p>
    <p><span>密码:</span> <input type="password" name="pwd" id="pwd"/>
            <span style="color:red;" id="tip_pwd"></span></p>
    <p><span>确认密码:</span> <input type="password" name="repwd" id="repwd"/>
            <span style="color:red;" id="tip_repwd"></span></p>
    <p><input type="submit" value="提交" style="width:60px;text-align:center;"></p>
    </form>
    </body>
    </html>
```

指定单击提交按钮时调用的函数，函数返回 true 表单数据提交给服务器，否则不提交。

例 13-4 在浏览器中的显示效果如图 13-5 所示。

图 13-5　例 13-4 在浏览器中的显示效果

本章小结

本章介绍了 JavaScript 常用的浏览器对象，如窗口对象；还介绍了 JavaScript 的文档对象模型，通过此模型，可以对网页内容作出修改，设置元素的属性从而达到动态效果。通过本章的学习，读者可以编写具有一定动态效果的网页。

第 14 章 jQuery 应用

学习目标

- 掌握 jQuery 选择器。
- 掌握 jQuery 常用方法。
- 熟悉 jQuery 事件与动画。

jQuery 是一个 JavaScript 函数库，可以实现 HTML 元素选取、HTML 元素操作、CSS 操作和 HTML 事件处理等功能。

14.1 jQuery 简介

目前网络上有大量开源的 JS 框架，但 jQuery 是最流行的 JS 框架。许多大公司如 Google、Microsoft、IBM 等都在使用 jQuery。jQuery 除了具有 HTML 元素选取、HTML 元素操作、CSS 操作和 HTML 事件处理等功能，还提供大量的插件供用户使用。

在 jQuery 的官方下载页面“http://jquery.com/download/”可以下载 jQuery 库(一个 JavaScript 文件)，如图 14-1 所示。

jQuery

For help when upgrading jQuery, please see the upgrade guide most relevant to your version. We also recommend using the jQuery Migrate plugin.

Download the compressed, production jQuery 3.2.1

Download the uncompressed, development jQuery 3.2.1

Download the map file for jQuery 3.2.1

图 14-1 jQuery 官方下载页面

从图中可以看出，jQuery 库有两个版本可以下载：压缩版，已被精简和压缩，文件小，适用于实际网站；未压缩版，由于没有被压缩，代码可读性高，适用于 JavaScript 开发与测试。本书下载未压缩版，下载后存放在与网页同目录的“js”目录中，网页与 jQuery 库的关系可以查看第 11 章。下载后，只需在网页的<head>标签中引用 jQuery 库就可以调用 jQuery 库中的函数：

```
<head>
    <script src="/js/ jquery-3.2.1.js "></script>
</head>
```

用户也可以不下载 jQuery 库，直接引用谷歌、微软等公司 CDN（内容分发网络）中的 jQuery 库，如引用微软 CDN 中的 jQuery 库格式为：

```
<head>
```

```
    <script src=" http://ajax.aspnetcdn.com/ajax/jQuery/jquery-3.2.1.js ">
</script>
  </head>
```

14.2 jQuery 选择器

先通过例 14-1 了解怎样在网页中调用 jQuery 库来修改 HTML 元素样式。

例 14-1　14-1.html

```
  <!DOCTYPE html>
  <html>
  <head>
      <meta charset="utf-8">
      <title>jQuery 使用</title>
      <script src="js/jquery-3.2.1.js"></script>
      <script language="javascript" >
       jQuery(document).ready(function()
      {
       jQuery("div span").css("color","red");
       jQuery ("div span").css("font-size","20px");
      })
    </script>
  </head>
  <body>
  <div>
      <span>jQuery</span> 是一个兼容多浏览器的 JavaScript 框架，核心理念是 -
write less, do more;
      <br/>你可以使用此编辑器学习、调试 jQuery 代码。
  </div>
  </body>
  </html>
```

例 14-1 在浏览器中的显示效果如图 14-2 所示。

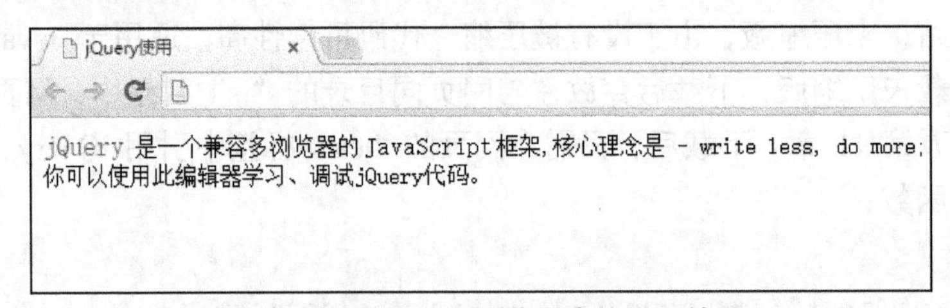

图 14-2　例 14-1 在浏览器中的显示效果

可以看到“jQuery”这个单词变成了红色，字体大小相对于其他文字要稍微大一些。文字颜色、文字大小都是通过调用 jQuery 库中的方法实现的，下面以其中一条语句为例来说明 jQuery 语句的用法：

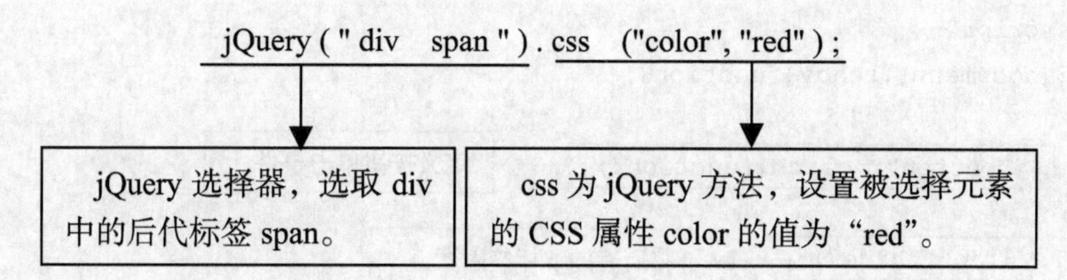

可以看到，调用 jQuery 库中的方法实现一定的功能需要先选定要操作的元素，再对选定的元素调用 jQuery 库中的方法实现特定的功能。

例 14-1 中的 jQuery()函数用于在网页中查找要匹配的元素，如 jQuery("div span")会在网页中查找（匹配）div 标签中的 span 标签。由于 jQuery()函数需要大量使用，为了更方便使用，为 jQuery()函数提供了一个别名：$。所有调用 jQuery()函数的地方都可以用$取代，如代码：

```
jQuery (" div  span ") .css ("color", "red") ;
```

可以用以下代码替代：

```
$ (" div  span ") .css ("color", "red") ;
```

例 14-1 中的“jQuery(document).ready(…)”定义文档就绪函数，当文档就绪时调用 ready()函数括号中定义的函数。由于文档就绪函数使用非常普遍，jQuery 的文档就绪函数定义简写为：

```
$(function() {
        ……
});
```

所以例 14-1 中的 JavaScript 部分代码可以简写为：

```
 <script language="javascript" >
 $(function()
 {
  $("div span").css("color","red");
  $("div span").css("font-size","20px");
 })
</script>
```

jQuery 选择器基于元素的 id、类、类型、属性、属性值等查找或选择 HTML 元素。它基于已经存在的 CSS 选择器，除此之外，它还有一些自定义的选择器。常用的 jQuery 选择器有元素选择器、#id 选择器和类选择器。

（1）元素选择器

元素选择器基于元素名选取元素。如在页面中选取所有 <p> 元素：$("p")。下面的代码实现了单击按钮时将所有的段落隐藏：

```
<!DOCTYPE html>
<html>
<head>
<meta charset="utf-8">
<title>菜鸟教程(runoob.com)</title>
<script src="js/jquery-3.2.1.js"></script>
```

```
<script>
$(document).ready(function(){
  $("button").click(function(){    → 定义按钮单击事件。
    $("p").hide();    → 将所有的 p 标签隐藏。
  });
});
</script>
</head>
<body>
<h2>这是一个标题</h2>
<p>这是一个段落。</p>
<button>单击我隐藏所有段落</button>
</body>
</html>
```

（2）#id 选择器

#id 选择器通过 HTML 元素的 id 属性选取指定的元素。如$("#test")。下面的代码演示在文档就绪函数中定义按钮的单击事件，单击按钮时将 ID 为 test 的元素隐藏：

```
$(document).ready(function(){
  $("button").click(function(){
    $("#test").hide();
  });
});
```

（3）类选择器

类选择器可以通过指定的 class 查找元素，如$(".test")。下面的代码演示在文档就绪函数中定义按钮的单击事件，单击按钮时将类名为 test 的元素显示出来：

```
$(document).ready(function(){
  $("button").click(function(){
    $(".test").show();
  });
});
```

将元素选择器、#id 选择器和类选择器进行组合并与伪类结合就可以得到多种复杂的选择器，表 14-1 列举了部分复合选择器。

表 14-1　部分复合选择器

实例	描述
$(this)	选取当期 HTML 元素
$("div,span,p.myClass")	选取所有 div、span 和拥有类名为 myClass 的 p

续表

实例	描述
$("p.intro")	选取 class 为 ntro 的<p>元素
$(" div span")	选取 div 里的所有 span 后代元素
$(" div >span")	选取 div 元素里的所有 span 子元素
$(" div:first")	选取所有 div 元素中第一个 div
$("ul li:first")	选取第一个<ul>元素的第一个<li>元素
$("tr:even")	选取偶数位置的<tr>元素
$("tr:odd")	选取奇数位置的<tr>元素
$(" div[id]")	选取拥有属性 id 的元素
$("[href]")	选取带有 href 属性的元素
$("a[target='_blank']")	选取所有 target 属性值等于 "_blank" 的<a>元素
$("ul li:first-child")	选取每个<ul>元素的第一个<li> 元素

例 14-2 利用 jQuery 的组合选择器实现表格的奇偶行背景色不同,并设置鼠标移动到表格行上时行的背景色。

例 14-2 14-2.html

```
<!DOCTYPE html>
<html>
<head>
    <meta charset="utf-8">
    <title>jQuery 使用</title>
    <script src="js/jquery-3.2.1.js"></script>
    <style>
     #mytable  td
      {
        text-align:center;
      }
    </style>
   <script language="javascript" src="js/jquery.js"></script>
  <script>
$(document).ready(function(){    定义文档就绪函数。
//隔行变色
$("tr:even").css("background-color","#fff");    定义表格偶数行背景色。

$("tr:odd").css("background-color","#666");    定义表格奇数行背景色。
//滑动变色
$("tr").hover(function (){    定义鼠标悬停在表格行上事件。
```

```
            $(this).css("background-color","#FF9900");
        });
        $("tr:even").mouseout(function (){        定义鼠标离开偶数行上事件。
            $(this).css("background-color","#fff");
        });
        $("tr:odd").mouseout(function (){         定义鼠标离开奇数行上事件。
            $(this).css("background-color","#666");
        });
    });
    </script>
    </head>
    <body>
        <table style="width:500px; height:200px;" border="1"  cellspacing="0"
            cellpadding="0"  id="mytable">
          <tr>
              <td>序号</td><td>节目名</td><td>表演者</td>
          </tr>
          <tr>
              <td>1</td><td>歌舞《美丽中国年》</td><td>TFBOYS、刘涛、蒋欣、王子文</td>
          </tr>
          <tr>
              <td>2</td><td>儿童歌舞《金鸡报晓》</td><td>空军蓝天幼儿艺术团 </td>
          </tr>
          <tr>
              <td>3</td><td>小品《大城小爱》</td><td>刘亮、白鸽、郭金杰</td>
          </tr>
        </table>
    </body>
    </html>
```

例 14-2 在浏览器中的显示效果如图 14-3 所示，可以看到，表格奇数行的背景色为白色，偶数行的背景色为灰色，当鼠标移动到某一行上时，这一行的背景色变为橙色。

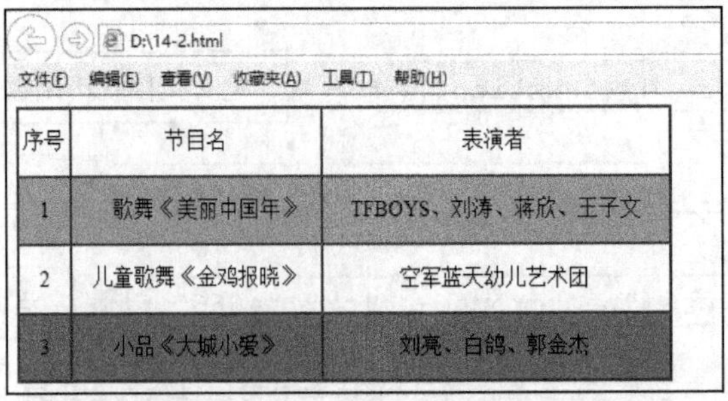

D:\14-2.html

文件(F) 编辑(E) 查看(V) 收藏夹(A) 工具(T) 帮助(H)

序号	节目名	表演者
1	歌舞《美丽中国年》	TFBOYS、刘涛、蒋欣、王子文
2	儿童歌舞《金鸡报晓》	空军蓝天幼儿艺术团
3	小品《大城小爱》	刘亮、白鸽、郭金杰

图 14-3　例 14-2 在浏览器中的显示效果

14.3 jQuery 事件

页面对不同访问者的响应叫作事件，事件处理程序指的是当 HTML 中发生某些事件时所调用的方法，在例 14-2 中为元素分别定义了鼠标悬停事件、鼠标移开事件。常见的事件还有单击事件（click）、获得焦点事件（focus）、失去焦点事件（blur）等。例 14-3 定义了按钮的单击事件，单击按钮时，如果 div 是隐藏的，则将 div 显示出来；否则将 div 隐藏起来。

例 14-3　14-3.html

```
<!DOCTYPE html>
<html>
<head>
<meta charset="utf-8">
<title>jquery 单击事件</title>
<script src="js/jquery-3.2.1.js"></script>
<script>
$(document).ready(function(){
  $("#toggle").click(function(){
    if($("#content").is(":hidden")){
        $("#content").show();    //如果元素为隐藏,则将它显现
    }else{
       $("#content").hide();     //如果元素为显现,则将其隐藏
    }
  });
});
</script>
</head>
<body>
<div id="content">click() 方法是当按钮单击事件被触发时会调用一个函数。该函数在用户单击 HTML 元素时执行。在本例中，当单击事件在按钮上触发时，此 div 元素</div>
<button id="toggle" >显示/隐藏</button>
</body>
</html>
```

例 14-4 演示 focus 事件和 blur 事件，当文本框获得焦点时，将文本框的背景色设置为灰色；当文本框失去焦点时，将文本框的背景色设置为白色，同时对文本框的内容进行判断，如果内容为空弹出警告框。

例 14-4　14-4.html

```
<!DOCTYPE html>
<html>
<head>
```

```
<meta charset="utf-8">
<title>focus 与 blur 事件</title>
<script src="js/jquery-3.2.1.js"></script>
</script>
<script>
$(document).ready(function(){
  $("#username,#email").focus(function(){
    $(this).css("background-color","#cccccc");
  });
  $("#username,#email").blur(function(){
   $(this).css("background-color","#fff");
    if(!$(this).value)alert( '不能为空' ,  '警告');
  });
});
</script>
</head>
<body>
<form method="post">
Name: <input type="text" name="username" id="username"><br/><br/>
Email: <input type="text" name="email" id="email"><br/><br/>
<input type="submit" value="提交"/>
</form>
</body>
</html>
```

例 14-4 在浏览器中的显示效果如图 14-4 所示。

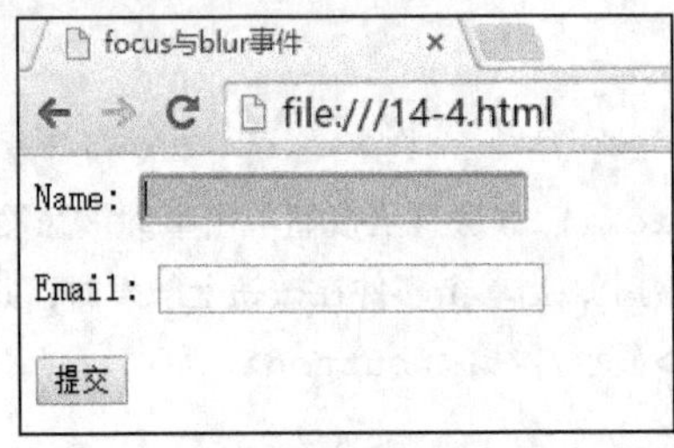

图 14-4　例 14-4 在浏览器中的显示效果

14.4 jQuery 效果

（1）元素显示与隐藏

通过 jQuery，使用 hide() 和 show() 方法来隐藏和显示 HTML 元素，显示与隐藏的语法为：

```
$(selector).hide(speed,callback);
$(selector).show(speed,callback);
```

speed 参数规定隐藏/显示的速度，可以取以下值："slow""fast"或毫秒，可选的 callback 参数是隐藏或显示完成后所执行的函数名称。下面的代码实现单击 button 元素时所有段落在 1000 毫秒内隐藏：

```
$("button").click(function(){
  $("p").hide(1000);
});
```

可以使用 toggle() 方法来切换 hide() 和 show() 方法，显示被隐藏的元素，并隐藏已显示的元素，使用方法如下。

```
$("button").click(function(){
  $("p").toggle();
});
```

（2）淡入/淡出效果

jQuery 的 fadeIn()方法用于淡入已隐藏的元素，fadeOut() 方法用于淡出可见元素，fadeToggle() 方法可以在 fadeIn() 与 fadeOut() 方法之间进行切换。如果元素已淡出，则 fadeToggle() 会向元素添加淡入效果；如果元素已淡入，则 fadeToggle() 会向元素添加淡出效果。这三个方法的语法相同，下面以 fadeIn()为例介绍淡入/淡出效果的使用。fadeIn() 的语法为：

```
$(selector).fadeIn(speed,callback);
```

例 14-5 演示单击按钮时，实现三个 div 不同速度的淡入效果。

例 14-5　14-5.html

```
<!DOCTYPE html>
<html>
<head>
<meta charset="utf-8">
<script src="js/jquery-3.2.1.js"></script>
</script>
<script>
$(document).ready(function(){
  $("button").click(function(){
    $("#div1").fadeIn();
    $("#div2").fadeIn("slow");
    $("#div3").fadeIn(3000);
  });
});
</script>
</head>
<body>
<p>以下实例演示了 fadeIn() 使用不同参数的效果。</p>
<button>单击淡入 div 元素。</button>
```

```
    <br><br>
    <div id="div1" style="width:80px;height:80px;display:none; background-
color: red;" >
    </div><br>
    <div  id="div2" style="width:80px;height:80px;display:none;background-
color:green;" >
    </div><br>
    <div  id="div3"  style="width:80px;height:80px;display:none;background-
color:blue;"></div>
    </body>
    </html>
```

例 14-5 先通过 CSS 将三个 div 的“display”设置为“none”，实现元素的隐藏，当单击按钮时分别选择三个 div，调用 fadeIn()实现元素的淡入效果，如图 14-5 所示。

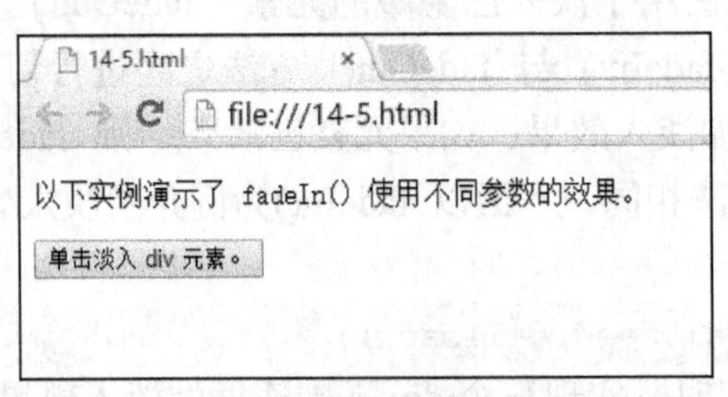

图 14-5　例 14-5 在浏览器中的显示效果

（3）滑动效果

jQuery slideDown ()、slideUp()、slideToggle()分别实现元素向下、向上和向上与向下间自动切换的滑动效果。三个方法的语法相似，以 slideUp 为例介绍其语法：

```
$(selector).slideUp(speed,callback);
```

同样 speed 参数规定效果的时长。它可以取以下值：“slow”“fast”或毫秒。下面的代码实现单击“#flip”元素时，“"#panel”元素向下滑动。

```
<!DOCTYPE html>
<html>
<head>
<meta charset="utf-8">
<script src="js/jquery-3.2.1.js"></script>
</script>
<script>
$(document).ready(function(){
  $("#flip").click(function(){
    $("#panel").slideDown("slow");
  });
});
</script>
<style type="text/css">
```

```
#panel,#flip
{
     padding:5px;
     text-align:center;
     background-color:#e5eecc;
     border:solid 1px #c3c3c3;
}
#panel
{
     padding:50px;
     display:none;
}
</style>
</head>
<body>
<div id="flip">点我滑下面板</div>
<div id="panel">Hello world!</div>
</body>
</html>
```

利用 jQuery 的滑动效果，还可以制作垂直弹出式菜单，例 14-6 实现利用滑动效果制作垂直弹出式菜单。

例 14-6 14-6.html

```
<!DOCTYPE html>
<html>
<head>
<meta charset="utf-8">
<script src="js/jquery-3.2.1.js"></script>
<style type="text/css">
       div,p,ul,li,body
       {
          margin:0px;
          padding:0px;
       }
       ul
       {
          list-style-type:none;
          width:150px;
       }
       .menu li
       {
```

```
            margin-left:30px;
            width:120px;
            height:30px;
        }
         a
        {
         text-decoration:none;
        }
</style>
<script>
$(function(){
        $("#menuClick").click(function(){
           $("#MenuItem").slideToggle(2000);});
        $(".menu   li").hover(
        function(){
           $(this).css("background-color","#FF9900")},

        function(){
           $(this).css("background-color","#FFF");
        });
});
</script>
</head>
<body>
<div>
        <div id="menuClick">
              <a  href="#" ><span class="rel">垂直导航</span></a>
         </div>
        <ul class="menu" id="MenuItem">
        <li><a href="#">菜单一</a></li>
        <li><a href="#">菜单二</a></li>
        <li><a href="#">菜单三</a></li>
        <li><a href="#">菜单四</a></li>
        <li><a href="#">菜单五</a></li>
        <li><a href="#">菜单六</a></li>

    </ul>
</div>
</body>
</html>
```

单击“menuClick”时在上下滑动间切换。

hover 中定义了两个函数，鼠标在 li 上悬停时调用第一个函数，鼠标离开 li 时调用第二个函数。

例 14-6 在浏览器中的显示效果如图 14-6 所示，单击“垂直导航”时，显示子菜单；鼠标移动到子菜单项时背景色变为橙色。

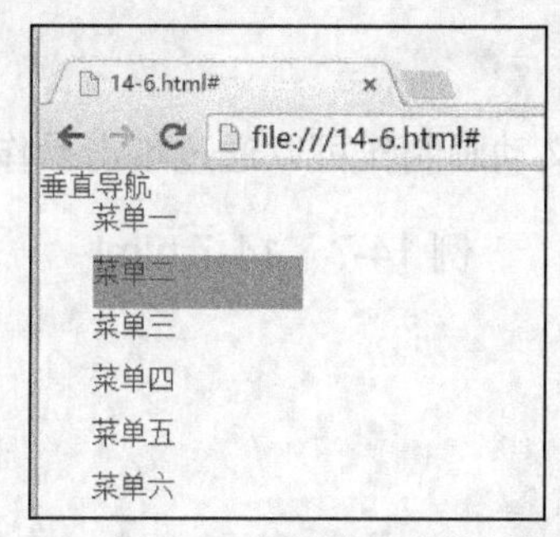

图 14-6 例 14-6 在浏览器中的浏览效果

（4）动画效果

jQuery animate() 方法用于执行一个基于 CSS 属性的自定义动画，用户可以为匹配的元素设置 css 样式，animate()函数将会执行一个从当前样式到指定的 css 样式的过渡动画。其函数语法为：

```
$(selector).animate({params},speed,callback);
```

params 参数定义形成动画的 CSS 属性；speed 参数规定效果的时长。它可以取以下值：“slow”“fast”或毫秒；callback 参数是动画完成后所执行的函数名称。下面的代码把元素向左移动 250px（注意把元素的 CSS position 属性设置为 relative、fixed 或 absolute）：

```
$("button").click(function(){
  $("div").animate({left:'250px'});
});
```

使用 animate 生成动画可以同时使用多个属性：

```
$("button").click(function(){
  $("div").animate({
    left: '250px',
    opacity: '0.5',
    height: '150px',
    width: '150px'
  });
});
```

需要注意的是，用 animate 生成动画时使用 Camel 标记法书写所有的属性名，比如，必须使用 paddingLeft 而不是 padding-left，使用 marginRight 而不是 margin-right。

animate 还可以定义相对值（该值相对于元素的当前值）。需要在值的前面加上 += 或 -=。

```
$("button").click(function(){
  $("div").animate({
    left: '250px',
```

```
    height : '+=150px',
    width: '+=150px'
  });
});
```

例 14-7 利用 animate 自定义动画制作可以通过单击操作来展开/收缩的元素。

例 14-7　14-7.html

```
<!DOCTYPE html>
<html>
<head>
<meta charset="utf-8">
<script src="js/jquery-3.2.1.js"></script>
<script type="text/javascript">
     $(document).ready(function(){
       $(".box h3").click(function(){
                  $(this).next(".text"). animate({height:'toggle'},"slow");
       });
});
</script>
<style>
div,form,img,ul,ol,li,dl,dt,dd,h1,h2,h3,h4,h5,h6

{
    margin:0; padding:0;
}
body {
    margin: 0 auto;
    width: 960px;
    background: #282c2f;
    color: #d1d9dc;
    font: 12px 'Lucida Grande', Verdana, sans-serif;
}
.content
{
  width:250px;
}
.box {
   position: relative;
   background: #363C41;
   border: 5px solid #4A5055;
```

$(this)表示当前被单击元素，next(“.text”)函数选择当期元素后面的类名为“text”的同级元素。

```
    }
    .box h3 {
        font-size: 12px;
        padding-left: 6px;
        line-height: 22px;
          background-color:#669900;
        font-weight:bold;
        color:#fff;
        height:22px;
    }
    .text {
          line-height: 22px;
          padding: 0 6px;
          color:#666;
    }
    </style>
    </head>
    <body>
    <div class="content">
    <div class="box">
          <h3>jQuery 效果——隐藏和显示 </h3>
          <div class="text">
                              实例<br />
                              jQuery hide() 简单的jQuery hide()方法演示。<br />
                              jQuery hide() 另一个hide()实例。演示如何隐藏文本
          </div>
    </div>
    <div class="box">
        <h3>jQuery 效果——滑动 </h3>
       <div class="text">
         jQuery slideDown() 演示 jQuery slideDown() 方法。<br />
          jQuery slideUp() 演示 jQuery slideUp() 方法。<br />
          jQuery slideToggle() 演示 jQuery slideToggle() 方法。
       </div>
    </div>
    </div>
    </body>
    </html>
```

例 14-7 在浏览器中的显示效果如图 14-7 所示，但用鼠标单击标题 h3 时，标题 h3 后的 div 会自动在展开/收缩两种状态间切换。

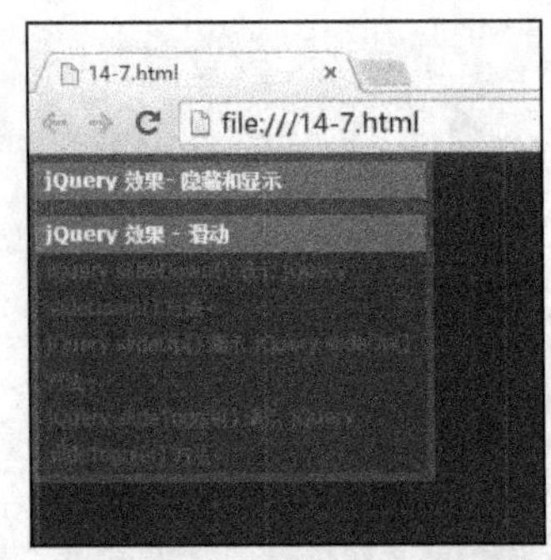

图 14-7　例 14-7 在浏览器中的显示效果

如果需要停止执行动画效果，可以使用 stop() 方法在动画或效果完成前对动画进行停止。

14.5 jQuery 应用

应用 jQuery 可以完成网页元素内容修改、样式设置等。在本节将举例说明 jQuery 在网页设计中的实际应用。

（1）设置文本框样式

假设表达中有一个文本框，其 id 为“username”，可以用 jQuery 为此文本框获得焦点时设置背景和边框，失去焦点时移除背景和边框，设置详细代码如下。

```
<!DOCTYPE html>
<html>
<head>
<meta charset="utf-8">
<script src="js/jquery-3.2.1.js"></script>
<style type="text/css">
   .username_focus
   {
      border:1px solid;
      background-color:#fcc;
   }
</style>
<script type="text/javascript">
$(function(){
   $("#username").focus(function(){  //设置获得焦点时元素样式;
    $(this).addClass("username_focus");
});
  $("#username").blur(function(){    //设置失去焦点时元素样式。
    $(this).removeClass("username_focus");
    });
});
</script>
</head>
```

```
<body>
<form action="reg.jsp" method="post" id="regFrom">
  <input id="username" type="text"/>
  <input type="submit" value="提交"/>
</form>
</body>
</html>
```

此网页在用户输入信息时的效果如图 14-8 所示，采用 hover 伪类也可以达到同样的效果，但低版本 IE 浏览器不支持除超链接外的 hover 伪类选择器，本小节中代码可以兼容低版本 IE 浏览器。

图 14-8　用 jQuery 设置文本框样式

（2）操作复选框

jQuery 为操作表单加入了表单选择器，可以方便地获取表单的元素。表 14-2 列举了部分常用的表单选择器。

表 14-2　部分表单选择器

选择器	描述	示例
:input	选取所有的<input><textarea> <select> <button>元素	$(":input")
:text	选取所有的单行文本框	$(":text")
:password	选取所有的密码框	$(":password")
:radio	选取所有的单选框	$(":radio")
:checkbox	选取所有的复选框	$("checkbox")

表单选择器可以与其他选择器结合使用，如$("[name=sports]:checkbox")选择所有“name”属性等于“sports”的复选框，下面的代码演示使用 jQuery 设置所有复选框为全部选中或全部没有选中。

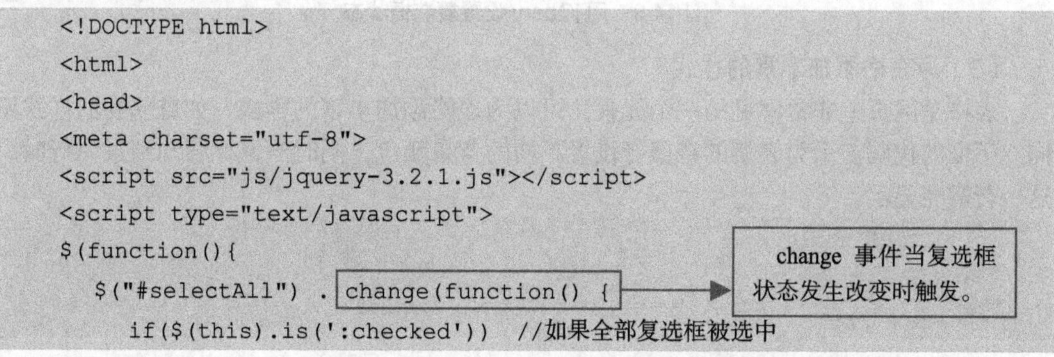

```
<!DOCTYPE html>
<html>
<head>
<meta charset="utf-8">
<script src="js/jquery-3.2.1.js"></script>
<script type="text/javascript">
$(function(){
   $("#selectAll") . change(function() {
      if($(this).is(':checked'))  //如果全部复选框被选中
```

```
    {
//将所有 name 属性为 sports 的复选框的 checked 属性设置为 true，将复选框设置为选中状态。
        $("[name=sports]:checkbox").attr("checked",true);
    }
    else
    {
        $("[name=sports]:checkbox").attr("checked",false);
    }
  });
});
</script>
</head>
<body>
<form action="reg.jsp" method="post" id="regFrom">
  请选择你喜欢的运动：
   <input type="checkbox" name="sports" value="football" />足球
   <input type="checkbox" name="sports" value="basketball" />篮球
   <input type="checkbox" name="sports" value="volleyball" />排球  <br />
   <input type="checkbox" name="selectAll" id="selectAll" value="all"/>
全选  <br />
  <input type="submit" value="提交"/>
</form>
</body>
</html>
```

当“全选”复选框处于“选中”状态时，所有的复选框都被选中，如图 14-9（a）所示；当“全选”复选框处于“未选中”状态时，所有的复选框都未被选中，如图 14-9（b）所示。

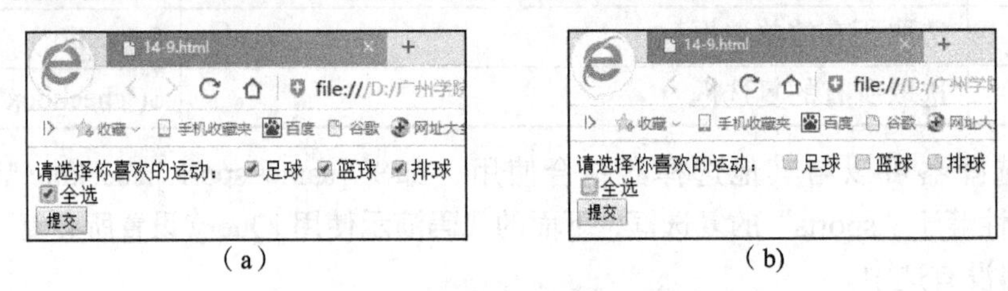

（a）　　　　　　（b）

图 14-9　用 jQuery 设置复选框状态

（3）为表格添加丰富的样式

表格是网页上非常常见的一个元素，可以为表格添加丰富的样式，如奇偶性的样式不同。下面的代码演示为表格的奇偶行设置不同的背景颜色，同时当鼠标移动到某一行时，这一行高亮显示。

```
<!DOCTYPE html>
<html>
<head>
```

```
<meta charset="utf-8">
<style type="text/css">
body {
font-size:12px;
}
table{
  width:300px;
  border-collapse:collapse;
 }
th {
color: #FFFFFF;
background-color: #A172AC;
}
tr{
 height:30px;
}
td{
  text-align:center;
}
.even
{
  background-color:#FFF38F;
}
.odd
{
  background-color:#FFFFFE;
}
.focus{
background-color: #A172AC;
}

</style>
<script src="js/jquery-3.2.1.js"></script>
<script type="text/javascript">
$(function(){
  $("tbody>tr:odd") . addClass("odd");     //设置<tbody>奇数行的样式;
  $("tbody>tr:even").addClass("even");     //设置<tbody>偶数行的样式;
  $("tbody>tr").mouseover(function(){      //设置鼠标移动到行上时高亮显示;
    $(this).addClass("focus");
   });
   $("tbody>tr").mouseout(function(){      //设置鼠标离开行时取消高亮显示;
    $(this).removeClass("focus");
   });
```

```
});
</script>
</head>
<body>
 <table border="0">
    <tr>
        <th>球队</th><th>比赛日期</th><th>比赛结果</th>
    </tr>
     <tbody>
      <tr>
          <td>勇士 VS 骑士</td><td>2017.6.2</td><td>113:91</td>
     </tr>
      <tr>
          <td>勇士 VS 骑士</td><td>2017.6.5</td><td>132:113</td>
     </tr>
      <tr>
          <td>勇士 VS 骑士</td><td>2017.6.8</td><td>118:113</td>
     </tr>
      <tr>
          <td>勇士 VS 骑士</td><td>2017.6.10</td><td>116:137</td>
     </tr>
     </tbody>
 </table>
</body>
</html>
```

上述代码在浏览器中的显示效果如图 14-10（a）所示；当鼠标移动到某一行时，这一行高亮显示，如果 14-10（b）所示。

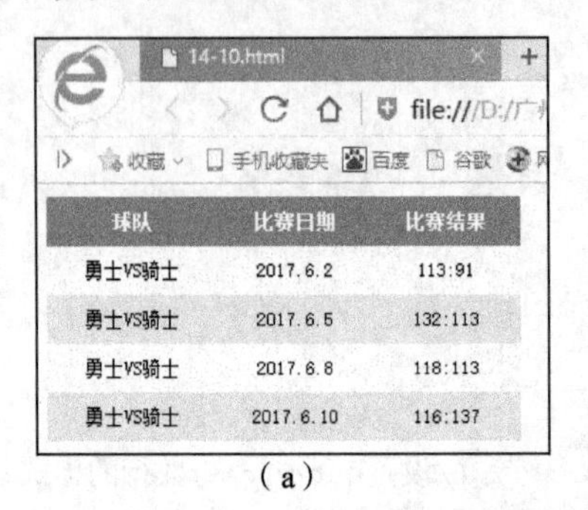

（a）

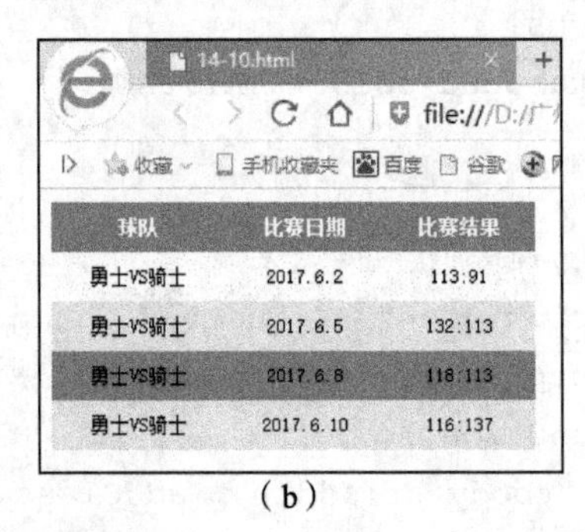

（b）

图 14-10　用 jQuery 设置表格样式

本章小结

本章介绍了 jQuery 的配置和 jQuery 选择器，详细描述了使用 jQuery 制作动画和修改网页元素样式，通过本章的学习，读者对 jQuery 有一个初步认识，并能用 jQuery 丰富网页元素效果，还可以进一步学习用 jQuery 在一定程度上解决不同浏览器的兼容问题。

第 15 章 综合案例

学习目标

- 熟悉综合运用 HTML、CSS、JavaScript 和 jQuery 制作网页。

本章利用所学知识模拟“慕课网”制作两个页面。

15.1 首页制作

模拟“慕课网”首页，如图 15-1 所示。

图 15-1 模拟“慕课网”首页

网页相关文件的目录结构如图 15-2 所示。

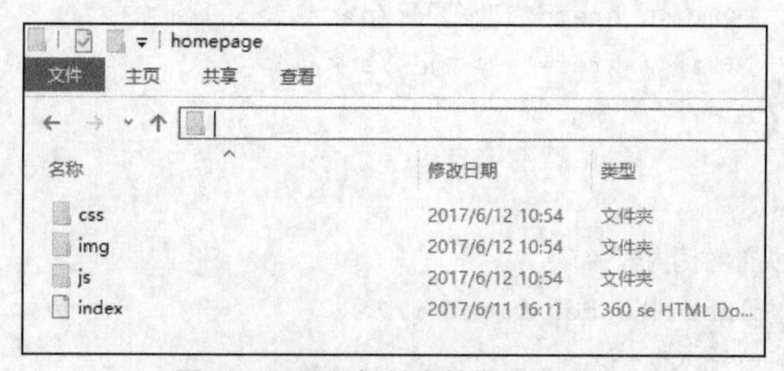

图 15-2 网页相关文件的目录结构

在“js”文件夹中包含引用的 jQuery 文件和自定义的 JavaScript 函数，在首页 index.html 中，为了兼容低版本的 IE 浏览器，首页 index.html 的源代码如下。

```
<!doctype html>
<html>

<head>
    <meta charset="utf-8">
    <title>网页制作</title>
    <!--启用 IE Edge 模式, ie 和 Edge 渲染相同-->
    <meta http-equiv="X-UA-Compatible" content="IE=edge, chrome=1">
    <meta name="Keywords" content="高级网页制作">
    <meta name="Description" content="计算机工程学院">
    <link rel="stylesheet" type="text/css" href="css/homepage.css">
    <!--[if lt IE 9]>
          <link rel="stylesheet" type="text/css" href="css/homepageIE8.css">
    <![endif]-->
</head>

<body>
    <!--网页的第一个背景图-->
    <div id="first-bk" class="position-ab"></div>
    <!--头部的内容-->
    <div id="header">
        <!--头部左侧内容-->
        <div class="header-left fl">
            <ul>
                <li>
                    <a href="#"><img src="img/uiz1.png"></a>
                </li>
                <li class="margin-160"><a href="#">实战</a></li>
                <li><a href="#">路径</a></li>
                <li><a href="#">实战</a></li>
                <li><a href="#">猿问</a></li>
                <li><a href="#">手记</a></li>
            </ul>

        </div>
        <!--头部右侧内容-->
        <div class="header-right fr">
            <!--输入框-->
```

```
            <div class="search-bar margin-r60 fl position-re">
                <div id="searchOption">
                    <a class="search-prompt position-ab" href="#">前端小白</a>
                    <a class="search-prompt  position-ab left-70" href="#">
Java 入门</a>
                </div>
                <input id="searchInput" type="text">
                <a href="#"><img class="search-prompt position-ab top-30
right-0" src="img/uiz4.png"></a>
            </div>
            <ul class="login-register fl">
                <li><a href="#">登录</a></li>
                <li><a href="#">注册</a></li>
            </ul>
        </div>
    </div>
    <!--网页重要内容-->
    <div id="content" class="main position-re">
        <!--轮播图-->
        <div class="bg-carousel position-ab">
            <!--存放轮播图切换所需的图片-->

            <div id='list' class="pic position-re" style="left: -1200px;">
                <!--
                    当前左边距为 0, left=0,
                    当轮播图左切换到 left = 0 时，马上把 left = -3600
                -->
                <img src="img/uiz23.jpg">
                <img src="img/uiz21.jpg">
                <img src="img/uiz22.jpg">
                <!--left = -3600-->
                <img src="img/uiz23.jpg">
                <!--
                    left = -4800
                    当轮播图右切换到 left = -4800 时，马上把 left = -1200
                -->
                <img src="img/uiz21.jpg">
            </div>
        </div>
        <!--轮播图的切换按钮-->
```

```
<div class="pic-module">
    <a id="next" class="prev right-0" href="#">&gt;</a>
    <a id="prev" class="next" href="#">&lt;</a>
</div>
<!--轮播图左侧的切换菜单-->
<div class="menuwrap">
    <ul>
        <li class="menuwrap-option">
            <a href="#">前端开发<span class="menu-arrow">></span></a>
            <!--
                隐藏的div，鼠标移至菜单div显示
            -->
            <div class="inner-box img-backg15">
                <!--分类目录-->
                <div class="sort-list">
                    <h4 class="title">分类目录</h4>
                    <ul>
                        <li>
                            <span class="fl">基础 :</span>
                            <div class="tag-box">
                                <a href="#">HTML/CSS</a>/
                                <a href="#">JavaScript</a>/
                                <a href="#">jQuery</a>
                            </div>
                        </li>
                        <li>
                            <span class="fl">进阶 :</span>
                            <div class="tag-box">
                                <a href="#">Html5</a>/
                                <a href="#">CSS3</a>/
                                <a href="#">Node.js</a>/
                                <a href="#">AngularJS</a>/
                                <a href="#">Bootstrap</a>/
                                <a href="#">React</a>/
                                <a href="#">Sass/Less</a>/
                                <a href="#">Vue.js</a>/
                                <a href="#">WebApp</a>
                            </div>
                        </li>
                        <li>
                            <span>其他 :</span><a href="#">前端工具</a>
```

```
                        </li>
                    </ul>
                </div>
                <!--课程的推荐-->
                <div class="course-recommend">
                    <h4 class="title">分类目录</h4>
                    <p class="path-recom">
                        <a href="#"><span class="cate-tag">职业路径
</span> 前端小白手册</a>
                    </p>
                    <p class="path-recom">
                        <a href="#"><span class="cate-tag">职业路径
</span> HTML 5与CSS3实现动态网页</a>
                    </p>
                    <p>
                        <a href="#"><span class="cate-tag">实战</span>
Vue2.0高级实战-开发移动端音乐App</a>
                    </p>
                    <p>
                        <a href="#"><span class="cate-tag">实战</span>
Web前后端漏洞分析与防御</a>
                    </p>
                    <p>
                        <a href="#"><span class="cate-tag">课程</span>
携程C4技术分享沙龙</a>
                    </p>

                </div>
            </div>
        </li>
        <li class="menuwrap-option">
            <a href="#">后端开发<span class="menu-arrow">></span></a>
            <!--
                隐藏的div，鼠标移至菜单div显示
                内容暂时为空，减少代码量
            -->
            <div class="inner-box img-backg16"></div>
        </li>
        <li class="menuwrap-option">
            <a href="#">移动开发<span class="menu-arrow">></span></a>
            <div class="inner-box img-backg17"></div>
```

```
                </li>
                <li class="menuwrap-option">
                    <a href="#">数据库<span class="menu-arrow">></span></a>
                    <div class="inner-box img-backg18"></div>
                </li>
                <li class="menuwrap-option">
                    <a href="#">云计算&大数据<span class="menu-arrow">></span></a>
                    <div class="inner-box img-backg19"></div>
                </li>
                <li class="menuwrap-option">
                    <a href="#">运维和测试<span class="menu-arrow">></span></a>
                    <div class="inner-box img-backg20"></div>
                </li>
                <li class="menuwrap-option">
                    <a href="#">UI 设计<span class="menu-arrow">></span></a>
                    <div class="inner-box img-backg21"></div>
                </li>
            </ul>
        </div>
    </div>
    <!--轮播图下方的图片-->
    <div id="pathBanner" class="path-banner">
        <a href="#"><img src="img/path_1.png"></a>
        <a href="#"><img src="img/path_2.png"></a>
        <a href="#"><img src="img/path_3.png"></a>
        <a href="#"><img src="img/path_4.png"></a>
        <a href="#"><img src="img/path_5.png"></a>
    </div>
    <!--页面最底部的内容-->
    <div id="footer">
        <!--页面底部的图片-->
        <div class="footer-sns text-c">
            <a class="weibo-img" href="#"></a>
            <a class="wechat-img  position-re" href="#">
                <!--鼠标移至二维码（微信）显示-->
                <span   class="footer-sns-weixin-expand   position-ab"><img
src="img/idx-btm.png"></span>
            </a>
            <a class="tengxun-img" href="#"></a>
            <a class="qq-space-img" href="#"></a>
        </div>
```

```
        <!--友情链接-->
        <div class=" text-c footer-link">
            <a href="#">关于我们</a>
            <a href="#">企业合作</a>
            <a href="#">人才招聘</a>
            <a href="#">讲师招募</a>
            <a href="#">联系我们</a>
            <a href="#">意见反馈</a>
            <a href="#">友情链接</a>
        </div>
        <div class="footer-copyright text-c">
            <span>© 2016 imoroc.com  京 ICP 备 13042132 号</span>
        </div>
    </div>
</body>
<!--
    HTML 文件是从上往下解析，即先执行<head>标签里的内容，再执行<body>标签里的内容
    js 放在<body>标签内，等页面解析浏览器解析完 html，css（渲染）之后再加载 js 文件
    使浏览器等待响应用户输入的时间变短
-->
<script type="text/javascript" src="js/jQuery1.8.js"></script>
<script type="text/javascript" src="js/homepage.js"></script>
</html>
```

“CSS”文件夹中包含两个 CSS 文件，“homepage.css”源代码如下。

```
@charset "utf-8";
body,
ul,
li,
img,
div,
a {
    margin: 0;
    padding: 0;
    font-family: Microsoft Yahei, "宋体", Arial;
}
a {
    text-decoration: none;
}
ul {
    list-style: none;
}
```

```
html,
body {
   position: relative;
   height: 100%;
   min-height: 850px;
}
img {
   vertical-align: middle;
   border: 0;
}
input,
button,
a {
   border: 0;
   outline: 0;
}
body {
   background-color: #fdfdfd;
}
.fl {
   float: left;
}
.fr {
   float: right;
}
.position-re {
   position: relative;
}
.position-ab {
   position: absolute;
}
.text-c {
   text-align: center;
}
.left-10 {
   left: 10px;
}
.left-50 {
   left: 50px;
}
.left-70 {
```

```
    left: 70px;
}
.right-0 {
    right: 0;
}
.top-30 {
    top: 30px;
}
.margin-l60 {
    margin-left: 60px;
}
.margin-r60 {
    margin-right: 60px;
}
/*页面第一张背景图片*/

#first-bk {
    z-index: -1;
    width: 100%;
    height: 490px;
    background-image: url(../img/bk.jpg);
    background-size: 100%;
}
/*页面顶部内容*/
#header {
    height: 80px;
    line-height: 80px;
}
#header a {
    color: #07111b;
}
#header a:hover {
    color: #FF0000;
}
/*页面导航部分*/
.header-left li {
    float: left;
}
.header-left a {
    padding: 0 20px;
```

```
    font-size: 16px;
}
/*顶部输入框的样式*/
.search-bar {
    width: 240px;
    height: 60px;
}
/*输入框*/
.search-bar input {
    width: 240px;
    height: 40px;
    border: 0px;
    border-bottom: 1px solid #ccc;
    line-height: 40px;
    font-size: 14px;
    padding-left: 10px;
    background: transparent;
}
.search-prompt {
    font-size: 14px;
    z-index: 3;
}
/*注册，登录样式*/
.login-register li {
    float: left;
}
.login-register a {
    padding-right: 30px;
}
/*页面的主要部分*/
/*页面菜单所需的图片，鼠标滑过显示的图片*/

.img-backg15 {
    background-image: url(../img/be.png);
}
.img-backg16 {
    background-image: url(../img/data.png);
}
.img-backg17 {
    background-image: url(../img/fe.png);
}
```

```
.img-backg18 {
    background-image: url(../img/mobileBg.png);
}
.img-backg19 {
    background-image: url(../img/bigdataBg.png);
}
.img-backg20 {
    background-image: url(../img/textBg.png);
}
.img-backg21 {
    background-image: url(../img/photo.png);
}
/*内容部分*/
.main {
    margin: 30px auto 0 auto;
    width: 1200px;
    height: 460px;
}
/*底部的轮播图*/
.bg-carousel {
    z-index: -1;
    width: 1200px;
    overflow: hidden;
}
/*存放轮播图所要用的图片*/
.pic {
    height: 460px;
    width: 6000px;
}
.pic img {
    float: left;
}
/*轮播图左右切换按钮*/
.prev,
.next {
    position: absolute;
    top: 175px;
    z-index: 100;
    display: inline-block;
    width: 50px;
```

```
    height: 80px;
    font-size: 70px;
    line-height: 75px;
    text-align: center;
}
/*轮播图切换按钮鼠标滑过效果*/
.pic-module a {
    filter: alpha(opacity=30);
    opacity: 0.3;
    color: #fff;
}
.pic-module a:hover {
    background-color: #000;
    filter: alpha(opacity=100);
    opacity: 1;
}
/*菜单栏选项样式*/
.menuwrap {
    width: 225px;
    height: 460px;
    background-color: rgba(7, 17, 27, .5);
}
/*菜单栏选项样式*/
.menuwrap-option {
    width: 225px;
    font-size: 16px;
}
.menuwrap-option>a {
    display: block;
    position: relative;
    margin: auto;
    height: 65px;
    width: 170px;
    line-height: 65px;
    color: #fff;
}
/*鼠标滑过菜单选项背景颜色改变和隐藏 div 显示*/
.menuwrap-option:hover {
    cursor: pointer;
    background-color: rgba(0, 0, 0, .3);
}
```

```
.menuwrap-option:hover div {
    display: block;
}
/*隐藏 div 里内容的样式*/
/*隐藏 div 标题（分类目录和课程推荐）*/
.title {
    font-size: 16px;
    color: #000;
    font-weight: bold;
}
/*隐藏 div 分类目录和课程推荐内容的样式*/
.sort-list,
.course-recommend {
    font-size: 14px;
    margin: 30px 0 0 40px;
}
.sort-list a,
.course-recommend a {
    color: #07111b;
}
.sort-list li,
p {
    margin-top: 15px;
}
.sort-list a {
    display: inline-block;
    margin: 0 15px;
}
.tag-box {
    margin-left: 40px;
    width: 600px;
}
.sort-list span {
    font-weight: bold;
    color: #4d555d;
}
.course-recommend span {
    margin-right: 10px;
    background: #f3f5f7;
}
```

```
.cate-tag {
    padding: 3px 5px;
}
.path-recom a {
    color: #f01414;
}
.path-recom span {
    background: #fde6e5;
}
/*
*菜单选项的右侧小箭头
*例如： 前端开发>
*/
.menu-arrow {
    position: absolute;
    top: 0;
    right: 0;
    font-size: 10px;
}
/*页面菜单，鼠标滑过显示 div 的样式*/
.inner-box {
    display: none;
    position: absolute;
    z-index: 99;
    left: 224px;
    top: 0px;
    float: left;
    width: 700px;
    height: 460px;
}
/*轮播图下方的图片*/
.path-banner {
    margin: auto;
    width: 1200px;
}
.path-banner>a {
    display: block;
    float: left;
    width: 240px;
    height: 120px;
    overflow: hidden;
```

```
}
.path-banner img {
   width: 100%;
   height: 100%;
}
/*页面底部，版权声明*/
/*图片*/
/*实现鼠标移至图片，更换图片，背景颜色加*/

.weibo-img {
   background-image: url(../img/uiz11.png);
}
.weibo-img:hover {
   background-image: url(../img/uiz15.png);
}
.wechat-img {
   background-image: url(../img/uiz12.png);
}
.wechat-img:hover {
   background-image: url(../img/uiz16.png);
}
.tengxun-img {
   background-image: url(../img/uiz13.png);
}
.tengxun-img:hover {
   background-image: url(../img/uiz17.png);
}
.qq-space-img {
   background-image: url(../img/uiz14.png);
}
.qq-space-img:hover {
   background-image: url(../img/uiz18.png);
}
/*内容*/
/*
*  1.position: absolute;
   left: 50%;
   margin-left: -600px;
   width: 1200px;
   实现div居中
```

```
    2. bottom: 0;
    div一直在页面底部
*/
#footer {
    position: absolute;
    left: 50%;
    bottom: 0;
    margin-left: -600px;
    width: 1200px;
    font-size: 14px;
}
.footer-sns a {
    display: inline-block;
    margin: 0 9px;
    height: 32px;
    width: 32px;
}
.footer-sns-weixin-expand {
    display: none;
    left: -65px;
    top: -210px;
}
/*鼠标移至，显示微信二维码*/
.wechat-img:hover .footer-sns-weixin-expand {
    display: block;
}
.footer-link {
    width: 1200px;
    height: 80px;
    line-height: 80px;
    border-bottom: 1px solid #d0d6d9;
}
.footer-link a {
    padding: 0 20px;
    color: #99a1a6;
}
.footer-link a:hover {
    color: #FF0000;
}
.footer-copyright {
    padding: 20px 0 25px 0;
```

```
    color: #b4bbbf;
}
```

“CSS”文件夹中“homepageIE8.css”，此部分代码只有当浏览器为 IE8 时，index.html 才加载此 CSS 代码实现兼容 IE8 下背景透明文字不透明的情况，主要代码如下。

```
/*兼容 ie8，ie8 下不兼容 background-color: rgba()，实现背景透明，文字不透明
 *filter: alpha()可以在 ie8 下实现背景透明，文字不透明
 * */
.menuwrap {
    background-color: rgb(7, 17, 27)!important;
    filter: alpha(opacity= 60);
}
.menuwrap-option:hover {
    background-color: rgb(0, 0, 0);
    filter: alpha(opacity = 40);
}
```

15.2 二级页面制作

二级页面课程列表显示效果如图 15-3 所示。

图 15-3　课程列表显示效果

制作的课程列表目录结构如图 15-4 所示。

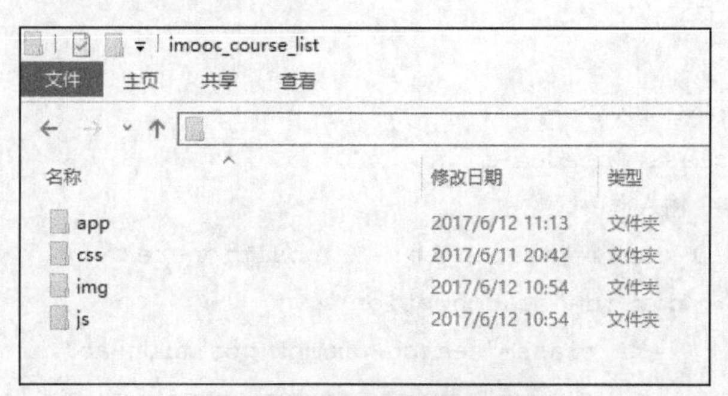

图 15-4　课程列表显示页面

在“app”文件夹中的“course_list.html”源代码如下。

```
<!DOCTYPE html>
<html>

<head>
    <meta charset="utf-8">
    <title>实战开发课程_IT 培训精品课程_慕课网课程</title>
    <meta http-equiv="X-UA-Compatible" content="IE=edge, chrome=1">
    <meta name="renderer" content="webkit">
    <meta name="Keywords" content="">
    <meta name="Description" content="慕课网精品课程，为您提供专业的 IT 实战开发
课程，包含前端开发、后端开发、移动端开发、数据处理、图像处理等各方面 IT 技能，课程全面、制作
精良、讲解通俗易懂。">
    <link href="../css/all.css" rel="stylesheet">
    <script src="../js/jQuery1.8.js"></script>
</head>

<body>
    <!--头部的内容-->
    <div id="header">
        <!--头部左侧内容-->
        <div class="header-left fl">
            <ul>
                <li>
                    <a href="#"><img src="../img/logo.png"></a>
                </li>
                <li><a href="#">实战</a></li>
                <li><a href="#">路径</a></li>
                <li><a href="#">实战</a></li>
                <li><a href="#">猿问</a></li>
                <li><a href="#">手记</a></li>
            </ul>
        </div>
        <!--头部右侧内容-->
        <div class="header-right fr">
            <!--输入框-->
            <div class="search-bar fl position-re">
                <div id="searchOption">
                    <a class="search-prompt position-ab" href="#">前端小白</a>
                    <a class="search-prompt  position-ab left-70" href="#">
```

```
Java 入门</a>
                </div>
                <input id="searchInput" type="text" />
                <a href="#"><img class="search-prompt position-ab top-30
right-0" src="../img/uiz4.png"></a>
            </div>
            <ul class="login-register fl">
                <li><a href="#">登录</a></li>
                <li><a href="#">注册</a></li>
            </ul>
        </div>
    </div>
    <!--导航栏下方的菜单栏-->
    <div class="course-nav-row ">
        <span class="hd">方向：</span>
        <ul>
            <li id="allDirection" class="course-nav-item on"><a href="#">
全部</a></li>
            <li id="frontedDirection" class="course-nav-item"><a href="#">
前端开发</a></li>
            <li id="backendDirection" class="course-nav-item "><a href="#">
后端开发</a></li>
        </ul>
    </div>
    <!--菜单栏下方内容-->
    <div class="container">
        <div class="course-list">
            <!--第一部分内容-->
            <div class="course-card-container fronted">
                <a target="_blank" class="course-card" href="#">
                    <!--内容第一标题-->
                    <h3 class="course-card-top">
                        <span>HTML/CSS</span>
                    </h3>
                    <div class="course-card-content">
                        <!--内容第二标题-->
                        <h4 class="course-card-name">网页简单布局之结构与表现原
则</h4>
                        <p class="description">入门必杀技之结构表现相分离，课堂会
有三个案例，不同角度讲解</p>
```

```
            </div>
        </a>
    </div>
    <!--第二部分内容-->
    <div class="course-card-container fronted">
        <a target="_blank" class="course-card" href="#">
            <!--内容第一标题-->
            <h3 class="course-card-top">
                <span>HTML/CSS</span>
                <span>JavaScript</span>
            </h3>
            <div class="course-card-content">
                <h4 class="course-card-name">JavaScript 入门篇</h4>
                <p class="description">JavaScript 作为一名 Web 工程师的
必备技术，本课程让你快速入门 </p>
            </div>
        </a>
    </div>
    <!--第三部分内容-->
    <div class="course-card-container backend">
        <a target="_blank" class="course-card" href="#">
            <!--内容第一标题-->
            <h3 class="course-card-top">
                <span>Java</span>
                <span>Ajax</span>
            </h3>
            <div class="course-card-content">
                <h4 class="course-card-name">Servlet+Ajax 实现搜索框智
能提示</h4>
                <p class="description">java 实现搜索框智能提示，熟练掌握
使用 Servlet 和 Ajax</p>
            </div>
        </a>
    </div>
    <!--第四部分内容-->
    <div class="course-card-container backend">
        <a target="_blank" class="course-card" href="#">
            <!--内容第一标题-->
            <h3 class="course-card-top">
                <span>Node.js</span>
            </h3>
```

```
                <div class="course-card-content">
                    <h4 class="course-card-name">进击 Node.js 基础</h4>
                    <p class="description">本课程带你揭开 Node.js 的面纱，带
你走进一个全新的世界</p>
                </div>
            </a>
        </div>
        <!--第五部分内容-->
        <div class="course-card-container fronted">
            <a target="_blank" class="course-card" href="#">
                <!--内容第一标题-->
                <h3 class="course-card-top">
                    <span>HTML5</span>
                </h3>
                <div class="course-card-content">
                    <!--内容第二标题-->
                    <h4 class="course-card-name">HTML 5 之元素与标签结构</h4>
                    <p class="description">详细探讨 HTML 5 元素与标签结构知识，
并深入拓展了全局属性的相关知识</p>
                </div>
            </a>
        </div>
    </div>
</div>
<!--页面-->
<div class="page">
    <span>首页</span><span>上一页</span>
    <a href="#" class="active text-page-tag">1</a>
    <a href="#">下一页</a><a href="#">尾页</a>
</div>
<!--页面最底部的内容-->
<div id="footer">
    <!--友情链接-->
    <div class="footer-waper">
        <div class="footer-link ">
            <a href="#">关于我们</a>
            <a href="#">企业合作</a>
            <a href="#">人才招聘</a>
            <a href="#">讲师招募</a>
            <a href="#">联系我们</a>
```

```
                <a href="#">意见反馈</a>
                <a href="#">友情链接</a>
            </div>
            <div class="footer-copyright">
                <span>Copyright © 2016 imoroc.com  京 ICP 备 13042132 号</span>
            </div>
        </div>
    </div>
</body>
<!--
    HTML 文件是从上往下解析，即先执行<head>标签里的内容，再执行<body>标签里的内容
    js 放在<body>标签内，等页面解析浏览器解析完 html，css（渲染）之后再加载 js 文件
    使浏览器等待响应用户输入的时间变短
-->
<script src="../js/all.js"></script>
</html>
```

在“CSS”文件夹中的“all.css”代码如下：

```
@charset "utf-8";
/*定义一些公共的样式*/
body,
div,
h3,
h4,
li,
p,
ul {
    margin: 0;
    padding: 0;
    font-family: Microsoft Yahei, "宋体", Arial;
}
html,
body {
    position: relative;
    height: 100%;
    min-height: 600px;
}
h3,
h4 {
    font-size: 100%;
    font-weight: 400
```

```
}
input,
button,
a {
    border: 0;
    outline: 0;
}
ul {
    list-style: none
}
a {
    text-decoration: none;
}
img {
    vertical-align: middle;
    border: 0;
}
.fl {
    float: left;
}
.fr {
    float: right;
}
.position-re {
    position: relative;
}
.position-ab {
    position: absolute;
}
.left-10 {
    left: 10px;
}
.left-50 {
    left: 50px;
}
.left-70 {
    left: 70px;
}
.right-0 {
    right: 0;
```

```
}
.top-30 {
    top: 30px;
}
/*页面导航部分*/
#header {
    height: 70px;
    line-height: 70px;
    background-color: #000;
}
#header a {
    color: #fff;
}
#header a:hover {
    color: #FF0000;
}
.header-left li {
    float: left;
}
.header-left a {
    padding: 0 20px;
    font-size: 16px;
}
/*页面顶部输入框的样式*/
.search-bar {
    margin-right: 60px;
    width: 240px;
    height: 60px;
}
/*输入框*/
.search-bar input {
    padding-left: 10px;
    border-bottom: 1px solid #ccc;
    width: 240px;
    height: 40px;
    line-height: 40px;
    color: #fff;
    font-size: 14px;
    background: transparent;
}
.search-prompt {
```

```
    font-size: 14px;
    z-index: 3;
}
/*注册，登录样式*/
.login-register li {
    float: left;
}
.login-register a {
    padding-right: 30px;
}
/*导航栏下方的菜单选项*/
.course-nav-row {
    margin: 0 auto;
    padding: 16px 0 5px;
    width: 1220px;
    border-bottom: 1px solid #edf1f2
}
.hd {
    float: left;
    width: 52px;
    height: 20px;
    line-height: 30px;
    font-weight: 700;
    font-size: 14px;
    color: #07111b;
    text-align: right
}
.course-nav-item {
    display: inline-block;
    margin: 0 4px;
}
.course-nav-item a {
    display: block;
    margin-bottom: 10px;
    padding: 10px;
    line-height: 14px;
    font-size: 14px;
}
.course-nav-item a:hover {
    color: #FF0000;
```

```
}
.course-nav-item.on a {
    border-radius: 2px;
    color: #fff;
    background: #2b333b;
}
/*
*五个并排内容
*页面的主要内容*/
.container {
    margin: 0 auto;
    width: 1220px;
}
.course-list {
    padding: 10px 0 20px 0;
}
/*菜单选项下方内容*/
.course-card-container {
    float: left;
    position: relative;
    margin-right: 20px;
    margin-bottom: 20px;
    border-radius: 4px;
    width: 224px;
    background-color: #fff;
    box-shadow: 0 4px 8px 0 rgba(7, 17, 27, .1);
}
.course-card-container:hover {
    box-shadow: 0 8px 16px 0 rgba(7, 17, 27, .2);
}
.course-card {
    display: block;
    position: relative;
    border-radius: 4px;
    overflow: hidden;
}
/*菜单选项下方内容标题*/
.course-card-top {
    padding: 0 20px;
    height: 48px;
    /*颜色渐变*/
```

```
    background: linear-gradient(270deg, rgba(0, 185, 90, .7), #00b95a);
}
/*菜单选项下方内容标题间距*/
.course-card-top span {
    float: left;
    margin-right: 10px;
    line-height: 48px;
    font-size: 12px;
    font-weight: 700;
    color: #fff;
}
.course-card-content {
    padding: 16px 24px;
    height: 150px;
    /*英文单词在语句结尾时，把单词断开换行*/
    word-break: break-all;
    background-color: #fff;
}
/*菜单选项下方内容标题*/
.course-card-name {
    line-height: 24px;
    max-height: 48px;
    font-size: 14px;
    color: #07111b;
    letter-spacing: -.1px;
}
/*内容样式*/
.description {
    margin: 8px 0;
    height: 72px;
    line-height: 24px;
    font-size: 12px;
    color: #93999f;
}
/*页码和切换按钮*/
.page {
    margin: 25px 0 auto;
    overflow: hidden;
    clear: both;
    text-align: center;
```

```
}
.page a,
.page span {
    display: inline-block;
    padding: 0 4px;
    min-width: 24px;
    line-height: 32px;
    font-size: 14px;
    text-align: center;
}
.page a {
    margin: 0 8px;
    border-radius: 16px;
    color: #4d555d;
}
/*鼠标移至改变背景颜色*/
.page a.text-page-tag:hover {
    color: #4d555d;
    background: #d9dde1;
}
/**
*多个选择器同时存在，且无间隔（多类选择器）。
*仅可以选择同时包含这些类名的元素（类名的顺序不限）。
*a / .text-page-tag / .active
*/
.page a.text-page-tag.active {
    color: #fff;
    background: #4d555d;
}
.page span {
    height: 32px;
    color: #c8cdd2;
}
/*页面底部的内容*/

#footer {
    position: absolute;
    bottom: 0;
    width: 100%;
    background: #000;
}
```

```
.footer-waper {
    margin: 0 auto;
    width: 1200px;
    text-align: center;
}
/*友情链接*/
.footer-link a {
    display: inline-block;
    margin-top: 15px;
    padding-right: 30px;
    font-size: 14px;
    color: #99a1a6;
}
.footer-link a:hover {
    color: #FF0000;
}
/*地址*/
.footer-copyright {
    font-size: 10px;
    padding: 10px 0 20px 0;
    color: #b4bbbf;
}
```

“js”文件夹中包含 jQuery 文件和“all.js”文件，“all.js”文件源代码如下。

```
/**
 * 输入框单击效果
 * 输入框得到焦点，输入框的上方文字消失
 * 输入框失去焦点，判断输入内容是否为空，为空时上方文字显示
 */
function searchBar() {
    var searchInput = document.getElementById('searchInput'),
        searchOption = document.getElementById('searchOption');
    searchInput.onfocus = function() {
        searchOption.style.display = 'none';
    }
    searchInput.onblur = function() {
        if (searchInput.value == '') {
            searchOption.style.display = 'block';
        }
    }
}
```

```
//全局变量用于判断动画是否正在播放，禁止错误地重复播放。
var notPlayingFlag = true;
function changeDirection() {
    var titles = $(".course-nav-item"),
        frontend = $(".fronted"),
        backend = $(".backend"),
        course = $(".course-card-container"),
        allDirection = $("#allDirection"),
        frontedDirection = $("#frontedDirection"),
        backendDirection = $("#backendDirection");
    $(allDirection).click(function() {
        if (notPlayingFlag) {
            $(titles).attr("class", "course-nav-item");
            $(allDirection).attr("class", "course-nav-item on");
            showAnimation(course, course, 500, 300);
        }
    });
    $(frontedDirection).click(function() {
        if (notPlayingFlag) {
            $(titles).attr("class", "course-nav-item");
            $(frontedDirection).attr("class", "course-nav-item on");
            showAnimation(course, frontend, 500, 300);
        }
    });
    $(backendDirection).click(function() {
        if (notPlayingFlag) {
            $(titles).attr("class", "course-nav-item");
            $(backendDirection).attr("class", "course-nav-item on");
            showAnimation(course, backend, 500, 300);
        }
    });
}
function showAnimation(hideElement, showElement, hideTime, showTime) {
    //jQuery淡出隐藏元素
    notPlayingFlag = false;
    $(hideElement).fadeOut(hideTime);
    //设置定时器，等待前一个动画完全播放完成
    setTimeout(function() {
        //jQuery淡入显示元素
        $(showElement).fadeIn(showTime);
        setTimeout(function() {
```

```
            //执行完所有动画则重新设置判断
            notPlayingFlag = true;
        }, showTime);
    }, hideTime);
}
window.onload = function() {
    searchBar();
    changeDirection();
}
```

本章小结

本章介绍了模拟“慕课网”首页和课程列表页面的完整设计，读者可以通过下载的源代码浏览效果对照源代码观看设计效果，理解页面设计效果实现、浏览器兼容性方面的具体原理。通过本章的学习能够实现本章中的两个页面，将为今后从事网页设计工作打下坚实的基础。